眼　界

陌漠　著

吉林文史出版社
JILIN WENSHI CHUBANSHE

图书在版编目（CIP）数据

眼界 / 陌漠著. -- 长春：吉林文史出版社，
2019.4（2023.8 重印）

ISBN 978-7-5472-6115-6

Ⅰ.①眼… Ⅱ.①陌… Ⅲ.①成功心理－通俗读物
Ⅳ.①B848.4-49

中国版本图书馆CIP数据核字(2019)第073319号

眼　界

出 版 人　张　强
著　　者　陌　漠
责任编辑　弭　兰
封面设计　韩海静
出版发行　吉林文史出版社
地　　址　长春市福祉大路出版集团 A 座
印　　刷　德富泰（唐山）印务有限公司
版　　次　2019 年 4 月第 1 版
印　　次　2023 年 8 月第 2 次印刷
开　　本　880mm×1230mm　1 / 32
字　　数　140 千字
印　　张　8
书　　号　ISBN 978-7-5472-6115-6
定　　价　38.00 元

前　　言

什么是眼界？所谓"眼界"，就是指所见事物的范围，借指见识的广度。比如，当一个人在山脚下时，他眼中看到的风景无非就是一些低矮的树木和花草，当这个人站在山顶时，整个大山的风景便可以一览无余。

俗话说得好"眼界决定了境界"，一个人的眼界，将直接影响着一个人看待事物的眼光与判断能力，眼界大小不同，眼中看到的事物便会截然不同。生活中，人们时常用"井底之蛙"来形容一个人目光短浅，用贪图"蝇头小利"来形容一个人境界低微。

正因为如此，境界低的人目光短浅，不懂得走一步看三步，所以连自身思维也受到局限，眼中所看、心中所想皆是眼前。也因此，他们很难突破思维的局限，看到事物背后所隐藏的真相与机遇，很难灵活多变地去看待问题、解决问题。

没有开阔的眼界，怎能拥有崇高的境界，一个人若想追求更高层次的发展，追求更深层次的境界，皆离不开开阔的眼界。只有开阔眼界、拓展思维，见人所未见，行人所未行，才能不断超越自我，从而"欲穷千里目，更上一层楼"，得到良好的发展。

今天，我们如果不能以发展的眼光看待未来，那么未来的某一天，我们一定会怨恨现在的自己。虽然生活给了我们一百万个不确定，但同时也有一百万种可能在等着我们，前行的道路上，我们唯有眼界开阔一些，让自己站得高一点儿、看得远一点儿，思维才能顺势而变，以不变应万变，从而创造出更多的奇迹。

　　只有看清自己，并以一种发展的眼光去看待身边的事物，我们才能以一种全新的姿态，在五味杂陈的生活里一边思考、一边领悟，活出自己无与伦比的姿态。

　　眼界是开阔的，世界才是开阔的，这样，我们才不会看错方向走错路，才能以一种高瞻远瞩的眼光去规划自己的未来，去寻找成功的契机。在这个复杂多变的社会里，做一个安然无恙的明白人，以淡定从容的心态去笑对生活、笑看人生，经营自己的幸福生活。

　　本书从看待世界的眼光、考虑问题的思维、解决问题的方法、规划未来的目标等与我们紧密相连的几个关键点出发，通过生动而翔实的案例分析，多角度阐述了开阔眼界的重要性。

　　阅读此书，可以为身处迷茫而感到困惑的你拨开眼前的迷雾，探清前进的道路，从而披荆斩棘，开创更美好的盛世明天。

目　　录

第一章 趋势：迷茫的世界，
DIYIZHANG

你该用眼光洞察未来

　　喜欢登山的人都知道，只有站得高才能看得远。的确，一个人只有具备长远目光，才能更好地看清前进的方向，从而见别人所未见，行别人所未行，去发现生活的美好，去创造人生的精彩。

走一步看一步是庸者，走一步看三步是智者

有这样一个经典有趣的故事：

A、B、C三个犯人，在某一天被送进同一家监狱，且刑期都是5年。不久后，监狱长对他们三人说："现在有一个机会，你们每个人可以向我提一个要求，只要合情合理，我一定尽量满足。"

听完监狱长的话，A犯人说："我需要香烟，可以让我在这5年里有享之不尽的香烟。"

B犯人说："我需要一个漂亮且身材好的女人。"

C犯人说："我需要一部有联网功能的电脑。"

对于A、B、C三个犯人的要求，监狱长都一一满足了。

很快，5年过去了。

A犯人刑满释放时，胡子拉碴，满身烟味，还不停嚷嚷着要香烟抽。

B犯人刑满释放时，左右手各牵了一个孩子，后面跟着的女人还挺着大肚子，看样子第三个孩子也即将出生。两人满面愁容，自己都养不活该如何养活三个孩子？

C犯人刑满释放时，笑容满面，春风得意。临别时，特意拉着监狱长的手说："有了这台电脑，公司的生意尽在我的掌控中，没有受到影响不说反而芝麻开花节节高，为了表示对您的感谢，我决定送您一栋房子。"

瞧，同样的事情，就因为在考虑问题时，每个人看待事物的眼光不同，考虑问题的预见性不同，最终收获的结局便完全不同。

C即使"身在曹营心在汉"，也能够合理安排并掌控自己的时间与生意，所以他的人生是成功的。A、B两人只顾贪图眼前的享乐，抱着"做一天和尚撞一天钟"的想法，以至于白白浪费了5年的大好光景不说，还增添了生活的重担。

生活中，不乏一些这样的人，他们走一步看一步，为人处世只考虑现在，只注重眼前利益，对未来从不加思考，以为这样就能更好地享受生活。殊不知，只顾眼前而不考虑未来的想法，只会将自己的人生经营得乱七八糟。

打个最简单的比方，比如我们买房子时，若只顾着查看小区旁边的河流，想着夏天可供纳凉和玩耍，而不考虑河流可能遭受的污染，在入住之后，便有可能要承受臭气熏天的气味。到那时，我们的心情还能美妙起来吗？显然不能。

走一步看一步是庸者，走一步看三步是智者。任何一件事情，若只注重眼前的利益，只想渡过眼前的难关，对未来不加考虑与思索，最终的后果便会让自己陷入被动。

王伟学过一段时间的厨师后，便嚷嚷着要开一家餐馆，无奈手中却没有开餐馆的本钱。父母劝王伟："你经验还不足，先去其他餐馆历练一段时间，边攒钱边积累经验，过几年再开店也不迟。"

对于父母的建议，王伟并不赞同，他说："船到桥头自然直，谁也不是天生就有经验，我边开店边学经验也未尝不可，没钱可以找朋友帮忙，等我赚钱了就可以还。"

就这样，王伟一意孤行，从亲朋好友手中借了十多万把餐馆张罗起来了。

过了不到一个月，当初借钱给他的一个亲戚遇到了急事，急需用钱，要把当初借他的4万元钱收回去。为了把钱还给亲戚，也为了维持日常的店铺运转，他在向银行贷款碰了钉子后，王伟就打起了民间

"高息贷款"的主意，这才还上了亲戚的钱。

经营了一段时间后，餐馆的生意并没有像王伟想象中的那般火爆，每天挣来的钱只够勉强维持店铺的基本开支。于是，王伟突发奇想：凡来餐馆吃饭的客人允许赊账。固执的王伟认为，此举一定会为自己招来源源不断的生意。

亲朋好友都劝王伟，一旦打开了赊账的大门，赊欠就会像雪球那样越滚越大，到后面可就难以收拾了。对于众人苦口婆心的劝说，王伟并没有放在心上，他坚信自己的观念是正确的。

自从店里允许赊账后，生意一下子比之前好了很多，附近一些认识的不认识的人都跑来凑热闹，看到店里忙的时候还需要等位，王伟的脸上笑开了花。

可好景不长，坚持了不到两个月，王伟便苦不堪言，因为他连买菜的钱都拿不出来了，而此时高利贷的人又每天打电话催着还款。迫于无奈，王伟便去催那些欠账之人还钱，但那些吃饭的客人却拒不承认在他店里消费过……

最后，王伟不得不忍痛将餐馆低价转让出去。短短四个月时间，开餐馆不仅没让王伟挣到钱，反而还欠了不少外债，增添了许多麻烦。

为什么王伟开店会以失败告终？很简单，这一切就在于他看待问题不够全面、不够长远。他在开店之初，压根就没有考虑过客流和经营方面的问题，总想着先把店开起来了再说。结果店开了，没有客流，他又异想天开采取赊账的方式来经营，却从来没有考虑过资金回笼的问题。

拆东墙补西墙，走一步看一步虽然让王伟渡过了一时的难关，但是也给店铺日后的经营埋下了一颗隐藏的地雷。最终，踩入雷区落得惨淡收场的结局。

任何事都可以延伸出多个方面，如果我们在考虑问题或处理事情时，只顾眼前的蝇头小利，而忽略了事情的重心与长远发展，想要有所建树恐怕是一件很难的事。

因此，在人生的旅途中，我们想要高瞻远瞩，事事洞悉先机，就必须抛弃鼠目寸光的习惯，让自己走一步看三步，把眼光放长远一些，考虑问题全面一些。如此，我们才能更好地掌控自己的人生，让自己的未来大放异彩。

目光长远才不会计较一时的得失

人生在世，难免会遇到一些挫折与困难，也会因为自身利益遭到侵害而伤心懊恼，其实大可不必。即使历经失败、遭受打击，我们也要学着笑看人生、笑对生活，因为一时的荣辱并不代表一世的荣辱，所以我们不必太在意一时的得失。

只要眼界开阔、目光长远，能看到他人所看不到的未来，终有一天，我们也能积攒力量荣耀归来。

在A市某镇上有两家药店。这两家药店，一个叫誉丰大药房，一个叫宝芝堂，都开在镇中心。虽是竞争关系，但两家药店老板本着和气生财的原则，相互之间泾渭分明、互不干扰，彼此间倒也相安无事。

几年后，宝芝堂的老板由于身体不适，便将药店生意交给了自己的儿子陈胜利打理。陈胜利接管药店后，对父亲过于保守的经营方式进行了大刀阔斧的改革，并打破了父亲维持多年的平衡，对誉丰大药房发起了猛烈进攻，力图打倒誉丰，成为独霸一方的龙头药店。

在宝芝堂的猛烈攻势下，虽然誉丰大药房也想尽办法做了补救措施，无奈"强龙压不过地头蛇"，没多久便关门停业了。陈胜利首战告捷，内心欢呼雀跃，他以为誉丰大药房就要永远退出了，所以他放松了警惕，没有乘胜追击。

其实，誉丰大药房并没有像表面上那样不堪一击，以誉丰大药房的实力想要与宝芝堂较量一番也是完全有可能的，但誉丰的老板却没有这样做，在他看来，若真与宝芝堂正面交锋，最终只会落得两败俱伤的下场，对自己没有任何好处。与其这样，倒不如先避开对方的锋芒，然后再调整策略以退为进来应对宝芝堂的挑战。

偃旗息鼓一个月后，誉丰大药房重新选址开张了。这次，他们把新店开在了离宝芝堂相隔一条街的地方。当听到誉丰大药房由原来的大店面变成了如今的小店面时，陈胜利一脸得意，心想：好你个誉丰，你终于知道夹起尾巴做人了，从此以后，你在我眼里已经不足为患了。

又过了一个月，誉丰的第二家分店开业了，还是小店面，不过这次誉丰却把店面开在了市中心。这时，店员好心提醒陈胜利，说："誉丰又在开分店了，为了防止对方卷土重来，打我们一个措手不及，我们应该有所警惕，防患于未然。"店员的话，陈胜利并没有放在心上。

再后来，誉丰的分店就如雨后春笋般冒了出来。在此期间，宝芝堂的陈胜利也没再主动挑起战争，就仿佛之前的那一幕恩怨不曾发生过。就在大家以为两家药店会一直相安无事地走下去时，誉丰却突然大张旗鼓地宣布要在老店旧址盛装开业。

突如其来的消息令陈胜利惊愕不已，他万万没想到誉丰还有卷土重来的一天，更没有想到曾经一时的心软竟给自己留下了一个心腹大患。惊愕之余，他准备像几年前那样再发起战争，却恍然发现，自己早已不是誉丰的对手了。

短短几年间，誉丰大药房除了开分店扩大经营外，自身实力更是壮大了不少，宝芝堂想要与之抗衡，无疑是以卵击石。誉丰大药房总店盛装开业后，宝芝堂的生意更是冷清了不少。

反观誉丰大药房的逆袭之路，是不是走得格外顺畅呢？之所以顺畅，是因为誉丰的老板眼界开阔，目光长远，没有被眼前的困难与挫折击倒，也没有做两败俱伤的无谓挣扎，而是暂时收敛自己的锋芒，努力提升自己的底气，然后静待时机，寻求卷土重来的机会。

最终，东山再起的誉丰大药房凭借自己的底气与实力碾压了宝芝堂，成为笑到最后的赢家。

为人处世，我们一定要将自己的目光放长远一些，宠辱不惊，既不为逝去的事情耿耿于怀，也不为一时的得失斤斤计较。因为这些都没有人在意，我们只有开阔眼界，将自己的未来放在长远的规划上，才能积攒实力提升底气，让自己立于不败之地。

每个人的人生之路都不可能一帆风顺、晴空万里。在前行的道路上，除了沉着冷静应对一些突发状况外，我们还要用高瞻远瞩的目光去规划和布局，这样我们才能化险为夷，步步为营。

《红顶商人胡雪岩》里有一段话是这样说的："如果你拥有一个县的眼光，你可以做一个县的生意；如果你拥有一个省的眼光，你则可以做一省的生意；如果你拥有了天下的眼光，那你就可以把生意做到全天下了。"

仔细观察身边那些成功人士，不难发现，他们的成功除了自身勤奋努力外，更离不开他们开阔的眼界与长远的目光。只有目光长远才不会计较一时的得失，也只有目光长远，才能捕捉到别人看不到的机遇与商机，从而快人一步取得成功。

每个人都有梦想，都渴望成功，但梦想的实现也不是一蹴而就的，聪明的人往往懂得放眼全局，用独到的眼光对自己的现在与未来做合理的规划，从而清楚自己的所思所求，然后不断完善自己、提升自己，用最优秀的自己去直面生活的挑战。

找准定位，方能拼出精彩人生

提起坐井观天的故事，很多人都不会陌生：井底的青蛙只能看到井口大的世界，它便认为天下也只有井口那么大，哪怕小鸟对它说"天无边无际，一眼望不到头"，它依然不信，固执地认为小鸟是在骗它。

眼里只看到了部分，却误以为是整个世界，"一叶障目，不见泰山"就是对坐井观天最好的诠释。不只是青蛙，我们自己也时常犯这样的错误，比如说学艺，当我们学有所成时，内心就会为自己拥有一技之长而欢呼雀跃，可踏入社会后，才明白人外有人，自己所要学习的东西还有很多。

由此可见，一个人受到周围环境的限制，目光就会变得短浅，这样是没有办法放宽眼界去见识世界的。

古人云："操千曲而后晓声，观千剑而后识器。"当我们奋起直追，想着如何弥补自己的不足、如何让自己变得强大时，我们不妨静下心来思考一下，如何做才能让自己脱颖而出。

其实，很简单，放宽眼界找准定位就可以。俗话说"眼界决定了境界"，一个人眼界的高低，将直接影响着一个人看待事物的眼光与判断能力，只有看得远才能走得远。

因为眼界高的人目光才会长远，他们清楚自己的所思所求，既不盲目追随他人的脚步，也能坚持己见做自己喜欢做的事，更不会计较眼前的得与失。

有这样一个故事：

　　一个刚刚加入警察队伍的新警员，个子中等，行动也不敏捷，与警局其他队友比起来，他似乎毫无可取之处。为了与同事打成一片，尽早融入集体，他在休息日报名参加了街道组织的篮球队，希望通过打球来提升自己的行动力，让自己身体变得灵活起来。

　　可是，由于身高的原因，再加上人有些胖，每一场比赛他都在拖后腿，以至于到最后大家都不愿意和他组队。内心沮丧的他，冥思苦想了一夜后，在休息日又来到了篮球馆。

　　不同的是，这次他的身份变了，他不再是篮球队的一员，而是变成了一名举着单反相机的热情观众。他利用自己对摄影的爱好，拿起手中的相机，拍下了球员们在球场上挥汗如雨的精彩瞬间。

　　很快，一篇由他亲自撰写并配图的文章发表在当地很有名气的报刊上，声情并茂的文字加以生动的图片，受到了人们的关注与好评。之后，他的文章便经常在一些刊物上发表，而他也开始小有名气，并因此被调入了警局宣传科。

　　天生我材必有用，每个人都有着自己独特的价值，而价值能否得到体现，关键就在于能否找准自己的定位。只有找准定位，才能让自己的优势得到更好的发挥。

　　著名漫画家朱德庸，4岁时拿起画笔，25岁时便已红透整个台湾。由他创作的漫画作品《双响炮》《涩女郎》《醋溜族》等作品深受大众的喜爱，《醋溜族》更是在某知名报纸上连载十年，成为台湾漫画连载时间最长的作品。

　　很多人只知道朱德庸如今的成功，却不知道他小时候的经历。小时候的朱德庸是一个问题孩子，且一点儿也不聪明，虽然在文字方面反应迟钝，却对图形异常敏感，他不仅在学校画，在家里也画，就连作业本和书本上的空白地方他都不放过。正因为他找准了自己的定位，最终，他成了一位著名的漫画家。

　　人生在世，每个人只有找准自己的定位，才能让人生大放异彩，才能收获别样的精彩人生。试想下，姚明如果没有找准自己的人生定位，又怎能成为NBA全明星？邹市明若没有找准人生定位，又怎能收获WBO重量级世界拳王金腰带的荣誉？刘翔若没有找准自己的定位，又怎能打破世界纪录获得110米跨栏的冠军，成为"亚洲飞人"呢？

　　很多人对"是金子在哪里都能发光"这句话深信不疑，但事实果真如此吗？并不是，找准定位，我们就可以变成一条生龙活虎的龙；找不准定位，我们就会变成一只毫不起眼的小虫。

　　是大雁，就要去天空翱翔；是天鹅，就要在湖泊栖息；是骏马，就要到草原驰骋。一个人唯有清楚自己的定位，待在最适合自己的地方，才能更好地生存于社会。

　　人生如棋，每一步该如何走完全取决于我们自己，谁都无法代替我们做出最正确的决定。如果我们无法端正自己的态度，无法摆正自己的位置，想要施展抱负恐怕不是一件容易的事儿。

　　一个人想要成功，除了自身勤奋努力外，也离不开对自己人生的精确定位。只有定位准确了，我们才能认清自己的目标，知道自己的优势，才不会做盲目而无效的努力。

　　张謇不畏世俗的眼光，毅然选择辞官下海经商，不仅创办了国内第一所纺织专业学校，更开创了纺织业先河。他一生共创办了27家企业，370多所学校，为后人留下了许多宝贵的财富。

　　试想一下，张謇如果没有找准自己的定位，选择继续留在官场，那么他的仕途之路就会随着大清的灭亡而终结。正因为他眼光独到，找准了自己的定位，摆正了自己的位置，所以才有了如今纺织业一片欣欣向荣的景象。

　　英雄不问出处，不管是救国民于水火，还是在社会发展中贡献着自己微薄的力量，只要找准定位，摆正位置，哪怕付出的力量再微小，也能给身边的人带去光明与温暖。

找准定位，方能拼出精彩的人生。正如物理学家阿基米德说："只要给我一个支点，我便可以撬起整个地球。"这里的支点和我们所说的定位其实有着异曲同工之处。世间每个人都是独一无二的，都有着自己独特的价值，但如何将自己的价值发挥到最大化，就须要我们找准定位，独具慧眼去挖掘自己的长处与优势，这样才能扬长避短，拼出自己的精彩人生。

钱锺书在进入清华大学时，数学成绩并不好，进入学校后，他很快便找准了自己的定位，并尽可能地发挥自己在国文方面的优势。后来，经过不懈努力，他成了一位有名的作家、文学研究家。

曾获得诺贝尔和平奖，并被天主教会封为"圣人"的特蕾莎修女曾说："我今天来到这里，是为了天下的穷人来领这个奖。这个奖不属于我，而是对天底下所有贫穷的承认。耶稣说，我饿，我冷，我无家可归，我来这里为穷人服务，我就是要为他们服务。"

若特蕾莎当年留在自己的家乡，那么她的人生就不会有这般精彩纷呈，但当她来到贫穷的印度，见到那里的人们后，她的世界从此不再平静。因为她找准了自己的定位，确立了人生的目标，所以她把自己的一生都奉献给了穷人和无家可归的流浪之人，不仅在贫穷之地留下了真善美的印记，也给他们带去了心灵的温暖。

人人都想成功，可并非人人都能成功。当你不断努力却丝毫没有得到进步时，你不妨冷静地想一想，是不是目光太过短浅，没有找准自己的定位？如果是，那我们就要擦亮双眼去重新定位自己的人生。

　　只有不让自己的视线受阻，我们才能以长远的目光来更好地认清这个世界，清楚地知道自己的需求在哪里。也唯有找准定位、知道需求，我们才能摆正位置，"物尽其用，人尽其才"，朝着自己的理想与目标，坚定勇敢地走下去。

给自己足够的时间长大

著名作家余秋雨先生曾说："一件东西，就放它走。它若能回来找你，就永远属于你；它若不回来，那根本就不是你的。"这话第一次见，你可能会觉得这种想法很消极，但仔细想想，很多事情确实是这样，未成熟的果实不会因为你时时期盼、天天浇水就会提早长得香甜，所有水到渠成的甘甜都需要顺其自然的耐心。这不是消极，更不是怯懦，等待时机的来临并紧紧抓住，这才是真正的智者。

古代有个教书先生，看到很多学生因为即将进京赶考，担心考试不中而焦虑得睡不着觉，便把他们叫到家里，跟他们说了一个自己小时候的故事。

"我还是孩童的时候，我们村子里每家每户门前都有一棵银杏树，那时候家里穷，于是每年银杏花开结果，就成了我那时候最盼望的事了。每次银杏果刚长出小果实，我就已经迫不及待摘了放进嘴里。

"大家都知道，那种还没成熟的小杏是最苦的，口感并不好，但是小孩子嘛，嘴又馋，所以还是忍不住要摘下来尝一尝，等杏开始变硬的时候，我已经开始大把大把地摘下来吃了。到了农历六月初，我们家杏树上的杏已经被我摘得差不多了，当我拿着我们家最后剩下的杏去和其他的小孩子交换着吃的时候发现，我家的杏虽然个头和别人家差不多，但口味却差远了，又酸又涩。

"后来我来到城里教书，再也没有机会守着我家的杏树，等着它开花结果。一晃十几年过去，去年我们村有老乡来城里办事，娘亲托老乡给我带了一大包已经熟好的杏。我打开包裹，看见杏不但比我儿时的大，而且吃的时候又香又甜，我问老乡：'这是哪棵树上结的杏？'老乡说：'就是你们家门口的呀，不然还能是哪的！'

"这怎么可能，童年酸涩的记忆让我一时不敢相信。原来自从我离家后，再也没有人急着把没有熟透的杏摘下来吃了，虽然我家的杏熟得比别家的晚几天，但只要等它真正熟透，摘下的杏就是又香又甜的。"

先生说完这个故事，看了看一脸迷茫的学生，接着说道：

"我与你们分享这个故事，其实是想告诉你们，杏如人生，由苦变酸，再由酸变甜。杏也和人一样，有的成熟得早、有的成熟得晚。我是你们的教书先生，所以我不担心你们没有远大的理想抱负，但是我却很害怕你们急于求成，怕你们因为一次考不上功名就放弃了，怕你们刚分配了职务，就想升官，最后做了错事。但其实生活是需要耐心的，就像那棵杏树一样，它只是成熟得晚，只要我们耐心等待，它也能长出最香最甜的杏。"

生活中很多事情都需要我们有足够的耐心，比如长大、比如加薪、比如升职。除非你的运气实在太好，否则完成这些都需要有足够的耐心，因为长大需要给自己足够的时间，加薪和升职则需要给老板足够的时间，让他看到你的优秀和价值。

生活中，我们常常会感觉自己突然走入了困境，想做些什么却感觉无从下手，想找人聊聊却找不到可以说话的人，想改变自己的处境却又无能为力……其实你这是陷入了生活的"瓶颈"期，这一时期的你会觉得孤独、苦闷，这都是很正常的，但是这并不是我们就此消沉的理由。其实很多时候，孤独和苦闷也是完全可以被调整为一种享受的。

蒂姆是一位爱好野外探险的美国人，一年冬天，他到一座山上进行探险时，因为回程的时间计算失误，他被困在了一个山洞里，彻底失去了方向。被黑暗渐渐吞噬的恐慌让蒂姆这个老到的探险家也慌了，他开始在洞里没有目标地疯跑，结果离洞口越来越远，最后冻死在了洞里面。搜救专家找到他的尸体时，根据洞内的情况判断他最开始迷路的地方离洞口仅有十米远，如果他不这么急躁，在原地等待，搜救人员一定可以找到他的。

人生往往也是这样，当你的生活和工作遇到暂时的"瓶颈"时，并不一定要马上采取对抗的行动。如果当时你尚未找到解决问题和困惑的方法，可以失在黑暗中等待一下，这也许就是一种有效的进取。

一位技艺高超的走钢丝演员正在山的一头为即将进行的一场没有保险带保护的表演做最后的准备。这场表演一个月前就已经开始了宣传，所以来这里看表演的观众特别多，大家都对这位演员的表演充满了好奇。

这样的表演，演员十分有把握，他对自己顺利走完全程很有信心。两点一刻，表演正式开始，演员迈出了第一步。钢丝虽然微微抖动，但是演员的身体却很稳，一步、两步、三步……渐渐地他已经走到钢丝中间的位置了。就在这叫他忽然停下来了，底下的观众以为他还有什么惊险的动作要做，都屏住了呼吸，期待着。但是他的助理却马上意识到他可能是有什么麻烦了，但是演员此时是背对着助手的，助手除了看见抖得越来越厉害的钢丝，并不能看到他发生了什么。不知不觉，助手的额头紧张得渗出了冷汗，但是助手知道自己现在必须冷静下来，除了静静等待，她什么也不能做，要是自己现在大声询问钢丝上的演员，那么他一定会分心，到时候就真的不知道会是什么后果了。

演员在钢丝上停了大概三分钟后，终于向前迈了一步，待脚下站稳，他迅速一鼓作气，安全走完了剩下的路程。下钢丝后，助理知道刚刚一定是发生什么事了，演员笑着说："都是老天爷的恶作剧，一粒沙子忽然飘进了我的右眼，当时我就想我今天肯定完了，但是我不甘心就这样死去，我对自己说现在放弃是不对的，我开始在心中一秒一秒地数着，让自己尽快冷静下来。就在我静静等待的时候，我感觉我的眼泪出来了，谢天谢地，眼泪把沙子冲走了，我又恢复了视力。你知道吗？如果当时你等不下去，叫我一声，我可能等不到眼泪出来，就分心或等着你们来援救了，但是谁也无法预料到那是什么后果。"

演员说完，周围的观众给了他热烈的掌声。

生活中我们也常会遇到像走钢丝演员碰到的这种突如其来的变故，虽然没有这么惊险，但常常也会让我们慌了神。其实这个时候最好的方法就是像这位演员一样，先让自己冷静下来，然后让阅历和经验来做主，等待把握的另一种命运的结局，而不是一味地寄希望于别人的救援。

所谓等待，并不是让自己什么也不做，就这样坐以待毙，而是让自己在等待中平静下来，思考、沉淀，然后在等待中突围。所以当你感到孤独、苦闷的时候，千万不要急躁，让自己平静下来，耐心等待吧，相信自己，乌云总会散去，阳光终会洒下来。

打开尘封的心灵，发现美好的生活

当今社会，不乏一些心理承受能力差的人，遇到一些挫折、打击就变得怯弱胆小，害怕受到他人背后的指指点点。所以，内心敏感的他们宁愿待在家里变成宅男宅女，也不愿鼓起勇气走出失恋、失业的阴影。在他们看来，内心痛苦时，只有家才是最温馨、最能让人依靠的地方。

这样看来，宅确实是一个排忧解虑、缓解内心痛苦的好方法。正因为这样，时下很多人都把宅当作一种最理想的生活方式。当然，每个人都有权利选择自己喜欢、舒适的生活方式，我们没有权利对他人的人生去指手画脚。

如果想就此过着平庸的生活，倒也无可厚非，若不想自甘堕落，想拥有一个美好的未来，那就要舍弃宅的生活方式，选择勇敢走出去。虽然，从短期来看，宅不会影响我们的日常生活；但从长远来看，宅对我们的影响却是弊大于利。

人类是群居动物，只有在不断接触外界的过程中，才能掌握一些最前沿、最时尚的新信息，才能不断学习和提升自己。假如我们宅在家里，长期过着离群索居的生活，就会逐渐与世隔绝，身体与思维会慢慢僵化，整个人也会变得老气横秋，缺乏年轻人应有的活力与朝气。

这也是为什么有些老年人在退休之后，整个人会迅速衰老的原因。因为他们自我封闭，整日将自己宅在家里，导致精神和心理上的空虚寂寞，看不到外界的美好。

　　自我封闭就像一个巨大的牢笼，将宅男宅女们的思想、认知、行动都进行了限制，使人们变得越来越迷茫，逐渐辨识不清前进的方向。这就好比紧闭门窗的房间一样，一个人如果每天紧闭窗户，空气不流通就会导致整个人压抑、沉闷，可一旦打开窗户，阵阵清风拂面而来时，整个人就会变得神清气爽、精神百倍。

　　我们的思想也是如此，唯有与外界近距离接触和交流，思维才会更活跃、更开放。

　　陈浩自从失业后，便一直宅在家里休息，没有出去找新工作，并美其名曰陪伴孩子。但实际上，陈浩收拾家务、照顾孩子起居一点儿也不在行，每次都把家里弄得鸡飞狗跳。所以，陈浩的妻子清清每次下班回到家，还得重新收拾打扫，才能让家里看起来干净整洁一些。

　　没有了工作压力的陈浩，每天都要睡到日上三竿才起床。为了睡得踏实，他每次都会把家里的门窗关起来，把窗帘也拉得严严实实。看着昔日神采奕奕的丈夫变成如今这般胡子拉碴、萎靡不振的样子，清清内心有些担忧。思来想去，她决定改变这一切。

　　这天，清清一大早就把所有房间的窗帘、窗户打开了。暖暖的阳光和清新的空气一起涌进屋子里，她觉得整个房间都充满了阳光的味道，闻起来特别舒服。可陈浩却觉得阳光刺眼，于是他怒吼着让清清去关窗。但清清却说："整天关着窗户，空气一点儿都不流通，整个家都要发霉了，这样是不利于孩子成长的。"

　　这时，在一旁做作业的孩子听到父母的对话，忙在一旁说："爸爸，你都不知道，家里的空气特别闷，还有一股发霉的味道。"听到孩子也这么说，陈浩不再作声了，转身蒙着头继续睡起了懒觉。可这次躺在床上，他却怎么也睡不着了，因为窗外的嘈杂声此起彼伏，一声高过一声，他不得不起床。

　　顺着嘈杂声，陈浩这才发现房子后面相隔一条街的路上有许多摆摊的小商贩，有卖菜、卖水果、卖小商品的。重要的是，集市上的人也络绎不绝。

看到这片繁荣的景象，陈浩突发奇想：这么多的客流量，一定会有商机的，我何不加入他们去分一杯羹呢？

当陈浩把这个想法对清清说了以后，清清对丈夫的想法表示了大力支持。经过一番商量，他们决定去卖水果，万一卖不完，自己家人也可以吃。第二天，天蒙蒙亮，陈浩就去水果市场把当天要卖的水果拉回来了，并早早支起了摊位。

陈浩只卖了一半的水果就挣回了本钱。信心满满的他第二天一大早又出去摆摊了，不到中午，所有的水果便全部卖完了。看着这么容易就赚了比平时一天上班多好几倍的工资，陈浩特别高兴，浑身充满了干劲。

看着丈夫高兴的样子，清清的心里也乐开了花。毕竟，挣钱是其次，能让丈夫从失业的迷茫中走出来，去发现生活另一面的美好，并重新燃起对幸福生活的渴望，这才是最重要的。

一个人若总是紧紧关闭自己心灵的那扇窗，他便无法探知外界的美好，无法享受阳光的照射，无法与时俱进。最终，在黯然无光的世界里，活得压抑痛苦，甚至罹患抑郁症。

不管何时何地，我们都不应该紧闭自己的心门，勇敢大胆地走出去，不惧他人的流言飞语。唯有如此，我们的人生才会收获颇丰，才能一路向阳、春暖花开。

有些人因为内心敏感，总会胡思乱想，害怕他人在背后的嘲笑，害怕自己的劣势暴露在众人面前。但其实，这种担心是多余的。

要知道"金无足赤，人无完人"，每个人都会是优点与缺点并存，与其对他人遮三瞒四，倒不如淡定从容、坦然面对。当我们具备了足够的信心与接纳自己不足的勇气后，面对这个复杂的世界，我们就能笑看人生，让自己过得开心快乐。

　　当然，在社会交往过程中，我们也要摆正自己的心态，以一颗平常心去看待这一切，也只有看淡了得失，我们才不会在意他人的目光，从而笃定从容地过自己想要的生活。

一叶障目，只会失去最佳判断力

有这样一个广为流传的故事：

古时候，楚国有一个家境贫困的书生，一天他在读《淮南子》时，看到书中有一段关于螳螂捕蝉的描述：螳螂在捕蝉时，会用一片树叶遮住自己的身体，这样其他昆虫就看不见它了。

于是，这位穷书生得出一个结论：如果自己能得到这片树叶，就可以利用树叶将自己隐形，这样想吃什么、想喝什么直接到集市上拿就好了，而自己也不用为生活发愁了。最主要的是隐形后没人知道是何人所为，自己压根不用承担任何责任。

想到这里，穷书生扔下手中的书本便大步流星地朝树林走去，他仰着头，不停地穿梭在树林中，想找到书中描绘的那种可以隐身的树叶。功夫不负有心人，找了好久他终于发现了一片树叶背后隐藏的螳螂。欣喜若狂的他正准备上树采摘那片树叶时，一阵大风吹来，叶子被风刮到了地上。

树上的落叶很多，他一时间也分不清哪片叶子才是螳螂藏身的叶子了，只好把树下那一堆叶子都带回了家。

到家后，他拿起叶子一片一片地试，并不断地问妻子："能看见我吗？"刚开始，妻子还很耐心地回答他："看得见。"可后来，随着穷书生没完没了地询问，妻子不耐烦便回答了一句："看不见。"

听到妻子说看不见，穷书生十分高兴，他连忙举起那片树叶去了集市，看到好吃的、好喝的，便一个劲儿地朝衣服口袋里装。结果，他被当作小偷抓起来扭送到了衙门。

当县官知晓了他偷东西的来龙去脉后，便哈哈大笑起来。随即训斥了他一番，打了他几板子，就将这个迂腐的书呆子释放了。

这便是成语"一叶障目"的由来。虽然故事中这个迂腐的书呆子的行为荒唐，但笑过之余，就会发现自己有时候也和穷书生一样，盲目贪图眼前的蝇头小利，却犯下"一叶障目，不见泰山"的错误，成为众人的笑料。

所以，一个人只有洞若观火，将自己的目光放长远一些，才不会让视线受阻，分不清事物的真实面目。

一叶障目，只会失去最佳的判断力。每个人在生活中都会面临一些利益诱惑，诱惑越多，欲望就越强，久而久之，人们就会被欲望蒙蔽双眼，进而看不清未来的方向。可天下没有免费的午餐，贪图小利，只会让自己在错误的道路上一去不返，从而错失良机，失去更好的发展与机遇。

其实，蝇头小利并没有想象中可怕，只要我们具备坚强的意志，能处之淡然、失之坦然，就一定能经受住小利的诱惑，从而一步一个脚印脚踏实地走好人生的每一步。也只有脚踏实地、勤奋肯干，才能步步为营得到自己想要的一切。

虽然，放弃蝇头小利的行为，看似吃了亏，但存着"以小谋大，舍小谋大"的心态才能为自己获取长远的利益、打下坚实的基础，不是吗？而且，放弃小利的行为，还能在他人面前显示出自己豁达大度、宽以待人的美好品德，为自己收获一个好名声，这样的美事何乐而不为呢？

要知道，在一些重要场合下，名声也是很重要的。它不仅可以让自己快速得到他人的信赖与支持，还有助于拓展自己的人脉，有助于自己未来的发展。

只可惜，很多人都没有明白这一点。为了眼前的蝇头小利，为了不让自己吃亏，有些人甚至不惜与人争吵，以蛮横霸道的姿态来强行占便宜。表面看起来，是占尽了便宜，但实际上被一叶障目所阻，放弃了身边最有价值、最大化的利益。

人与人之间的交往贵在真诚。一个人若想着处处占便宜，抱着便宜不占白不占的心理，长此以往，就会遭到身边人的厌弃与轻视。正所谓"两权相害取其轻"，小利与大利，我们应该学会权衡利弊，将自己的利益最大化。只有想明白了这一点，我们才不会因为蝇头小利而一叶障目，失去自己的判断力。

看破是一种能力，不说破是一种智慧

生活中，我们经常碰到这样的情形：

某些场合下，当有人站在台上侃侃而谈、大肆宣扬自己的观点与建议时，我们却在无意中发现对方的一些观点和理论都是错误的，此时我们应该如何做呢？

上一秒刚刚听到同事在茶水间抱怨某某，下一秒某某就在我们面前嘚瑟、炫耀他在公司如何深受领导器重和同事喜爱，此时我们又该如何做呢？

不管是哪种情况，只要我们不顾忌对方面子，在众人面前义正词严地指出他们的错误，想必他们一定会把我们当仇人。因此，最好的办法就是装糊涂，看破而不说破。毕竟，中国人都是十分注重面子的，尤其是在一些公众场合下，只有给人留下颜面，日后才更好相见。

有位成年人和一个6岁的孩子做游戏，拿出一个1元的硬币和一个5毛的硬币，让孩子选择，这个孩子毫不犹豫地选择了后者。后来，这个游戏反复做了好几次，但孩子每次都选择5毛的。于是，成年人就觉得这个孩子太傻、太笨了，竟然分不清哪个面额的钱多。

有个做生意的人听说了这件事情后，特地跑来找到这个孩子。为了验证孩子是真傻还是假傻，他也拿出一个1元的硬币和一个5毛的硬币让孩子选择，但孩子就如同外面传言的那样，真的选择了5毛钱。

生意人有些吃惊，他问："孩子，你不认识钱吗？你不知道1元钱可以买到两个5毛钱能买到的东西吗？"

孩子低着头说："我当然认识，我也知道1元钱买的东西要多一些，但如果我每次都选择1元钱的话，后面就不会有人主动找我玩这个游戏了。"

其实这个孩子一点也不傻，因为他知道只有自己装傻，才会有源源不断的人来测试他，自己才有机会得到无数个5毛钱。相反，如果他一开始就拿了1元钱，那么最终他的手中也只有1元钱而已。

无数个5毛和仅有的1元，这样一番比较下来，哪个更划算呢？显而易见，自然是源源不断的5毛钱更划算。因此这个孩子是绝顶聪明的，他懂得运用傻子哲学为自己谋取更多的利益。

仔细观察我们的周围，不难发现，生活中那些看上去傻乎乎的人似乎真的傻人有傻福，不管走到哪里人际关系都能得心应手地开展，为什么会这样呢？这是因为大部分人的心里都会有这样一种认知：那些傻一点的人心思单纯，不懂得"算计"，没有坏心眼，因而更容易得到人们的信任。

正因为如此，我们在拓展自己的人脉时，若想让自己得到众人的信任，想让自己在社交关系中如鱼得水，我们就要适当糊涂，适当地装傻充愣。要知道，装傻在某些时候也是一门境界高深的人际交往学，当然这里所说的装傻并非是要我们一问三不知，而是表现得大智若愚。

在社会交往中，为什么一些精于算计的人却没能获得一个好人缘呢？其实就在于这些人凡事太过于较真，眼里揉不得沙子，以至于让身边的人望而却步。生活中，当我们遇到这种情况时，最好的办法就是看破而不说破。

很多时候，我们在判断一个人是否值得交往时，会把"他会不会给人留面子"这点放在首位考虑。如果这个人不管在什么场合下，说话做事都能顾忌到朋友的面子，都懂得顾全大局，这样的人就是众人眼里情商高的人，走到哪里都会受到人们的喜爱。相反，那些说话做事口无遮拦的人，往往会因为不顾忌他人面子而遭人嫌弃。

有些人误以为看破不说破是对自己的委曲求全，是对他人犯错的一种纵容，其实不是。看破而不说破，只是让我们根据实际情况来选择合适的机会表达，避免在公共场合伤人自尊。

尤其是对方在说话做事的过程中陷入了窘境时，我们也要难得糊涂，人多的时候给对方留面子，人少的时候再找合适的机会说。千万不要落井下石，大肆宣扬对方的错误，必要的时候在某些特殊时刻还要给对方打圆场并给予认同，只要我们能找出一个合乎情理的理由来证明，对方的错误在此情此景中是合理的、有效的，让对方赚足了面子，化解了尴尬，自然会对我们感恩戴德，彼此的关系也会更近一步。

当朋友之间在某些问题或观念上争论不休、互不相让时，我们不妨适当转移对方的注意力，运用一些幽默的话语缓解紧张的气氛与情绪，之后再寻找合适的机会来阐述自己的观点。

看破是一种能力，不说破是一种智慧。在这个复杂的社会中，我们要想让自己左右逢源，就要懂得维护他人的面子，顾忌他人的感受，这样才能为自己赢得好人缘。

第二章 | 广角：拆掉思维的墙，
DIERZHANG | 你能看到一万种可能

"物竞天择，适者生存。"在这个日新月异的时代下，一个人要想与时俱进，紧跟时代的步伐，就要转变思维、推陈出新，让自己的思想伴随着环境的变化而变化。如此，才能激发潜能去创造更多的可能。

思维顺势而变，才能拥有更多胜算

日复一日，年复一年，地球除了围绕太阳公转外，也在夜以继日地自转。不只是自然界在发生改变，我们每个人的身体机能与各种细胞也在不断变化。可以说，为了适应这个瞬息万变的时代，每个人都在努力迎合这个时代的潮流，只有这样，我们才不会被社会淘汰，成为一个跟不上时代步伐的人。

但这一切，都离不开人们思维的转变。试想下，如果一个人的思维不能随着所处时代的发展顺势而变、顺势而为，那无疑就会与这个社会格格不入，让自己陷入被动不说，处境也会变得十分艰难。

这也就是为什么同样一件事，有的人处理起来感到快乐，有的人却感到十分痛苦的原因，痛苦之人之所以感到痛苦，就在于他们看待一件事情时想法与看法各不相同。

世间之事，皆有利弊，我们不能以偏概全地看待问题，而应多角度、多视野地来全面分析和研究问题，顺应形势发展需要来转变自己的思维。只有打破思维的局限性，我们在看待问题时才会更全面、更透彻，才能"山重水复疑无路，柳暗花明又一村"，也只有思维顺势而变，人生才能随机应变，拥有无限可能。

田忌是齐国的名将，他和齐威王都特别喜欢赛马。一天，齐威王兴致勃勃地邀约田忌赛马，田忌欣然应允。在比赛之前，两人将各自的马分成了上中下三个等级。

到了比赛这天，不管齐威王用哪个等级的马，田忌都毫无例外地用同样等级的马去迎战。由于，田忌的马略逊一筹，所以接连几场比赛下来，田忌都输得很惨。

输了比赛的田忌非常难过，正沮丧着脸准备打道回府时，却在观看赛马的人群里发现了好友孙膑。看到田忌一脸悲伤失望的样子，孙膑走到田忌身边对他说："刚才的比赛我全程都仔细看了，我发现齐威王的马并不比你的马强多少！"田忌听完便怒火中烧地说："什么意思，你这是在笑话我技不如人吗？"

看到田忌发火，孙膑并没有生气，而是十分认真地说："我可没有笑话你的意思，只要你按我的方法和齐威王再比一次，你就可以赢得比赛。"田忌一听便兴冲冲地问孙膑："是要重新换马吗？"孙膑一边摇头一边说："那倒不用，还是用原来的马参加比赛。"

听到孙膑说还是用原来的马，田忌就像泄了气的皮球，沮丧着脸说："那还是会输的。"但孙膑却胸有成竹地说："你就放心吧，只要你能说服齐威王和你再比一次，我就有把握让你赢得比赛。"

见孙膑信誓旦旦的样子，田忌还是半信半疑地去找了齐威王。赢了比赛正洋洋自得的齐威王，听说田忌还要再加赛，便爽快地同意了。这次齐威王为了让田忌输得一败涂地，还特意增加了赌注。

比赛开始，田忌便按照孙膑的策略用下等马去对阵齐威王的上等马，毫无悬念，田忌又输掉了比赛。见田忌输了，齐威王故意很大声地说："田忌，虽然有军师帮你出谋划策，但此举却是下下之策，并不能帮到你，所以你注定要输得很惨。"

一旁的孙膑和田忌没有理会齐威王的话，而是重新部署战略。这次，孙膑又改变了策略，他让田忌用上等马对战齐威王的中等马，用中等马对战齐威王的下等马，结果田忌轻轻松松便赢得了后面两场的比赛。

出乎意料的结果令齐威王瞠目结舌，愿赌服输的他只好将赌注悉数给了田忌。

思维顺势而变，才能拥有更多胜算。同样的比赛，同样的马，只因出场顺序做了调换，结果就完全不一样。为什么会呈现出截然不同的结果呢？其实，这一切就在于田忌的思维方式的局限性，在比赛之前他将马匹进行了等级划分，在正式比赛时他严格按照马匹的等级去应战，所以将自己陷入了失败的境地。

而孙膑的思维方式则完全不同，他觉得下等马既然注定是失败，倒不如以弱迎强，之后再以强迎弱，这样方能拥有更多胜算。事实证明，也确实如此。

田忌赛马的故事告诉我们，任何事情都不是一成不变的，只要善于观察、勤于思考，不断变换自己的思维方式去看待和处理问题，就会拥有更多胜算，就能为自己赢得一线生机和希望。

拓宽思维，提高变通能力

"物竞天择，适者生存"，在这个竞争激烈变幻莫测的时代，我们若能轻松应对各种突发状况，不管风吹雨打都能坦然面对，那我们就是生活的强者。

反之，若我们不能将自己融入这个社会，不能与时俱进去适应社会的不断发展，终有一天我们就会被后浪拍倒在沙滩上，惨遭淘汰。

浅显易懂的道理，很多人都明白，也希望自己能成为众人眼里的佼佼者，成为一个不可替代的人。但真正能够做到的人却少之又少，毕竟这不是夸夸其谈就能实现的，除了头脑灵活之外，思维也要懂得变通，要与时俱进，这样才能以不变应万变，以一种积极乐观的心态去迎接外界的不断变化。

周小丰是某铁路站点的一名普通工人。这天快下班时，周小丰通过报警电话与监控发现在他们管辖范围内的一铁道路口，被一辆发生车祸的小汽车挡住了轨道口。糟糕的是，车祸严重阻碍了铁道路口的交通，导致正常运行的普通火车也因此延误在此。

办公室其他同事和上司黄段长都不在，电话也打不通，怎么办？是两耳不闻窗外事，在办公室做自己分内的工作呢？还是不停给黄段长打电话，打通后征询他的意见，让他来处理？

毕竟自己没有任何权力去做调度车辆的决定，而且一个不小心可能还会受到警告与处分。可是不处理吧，自己又于心不忍，因为列车上的乘客也十分焦急。

思虑再三后，周小丰决定将规则与制度放在一边，他果断处理了上级传真过来的相关事宜文件，并在文件上签了字。签完字后，他给上级站点传真过去，然后沉着冷静地处理着现场情况，待一切都处理得差不多时，上司黄段长回来了，他看到现场井然有序，所有事情都在有条不紊地进行。

当知道这一切都是周小丰在指挥安排时，黄段长当即就表扬了周小丰临危不变的应变能力和思维变通能力。这虽然只是一个简短的表扬，可对于其貌不扬的周小丰来说却是一个莫大的鼓励。此后，他对待工作越来越认真，处事能力越来越强，并在不久后得到了上司的重用。

一个人在突发事件来临时，若墨守成规，不懂灵活运用，不懂思维变通，那这样的人将永远缺乏临场应变能力。反之，若能以不变应万变，敢于打破常规，这样的人不管遇到什么情况，都能轻松应对，灵活处理。当然，也能为自己赢得更多机会。

人类之所以能够不断进步并取得令人瞩目的发展，皆离不开思维的变通与创新。简单来说，如果我们不懂得与时俱进，变通自己的思维，那思想就会变得陈旧、呆板、落后，当身边那些与时俱进的人都在进步时，我们就只能原地踏步、停滞不前。

生活中，不乏一些人在遇到困难或挫折时，就自我设限，用"不可能""做不到"等方式为自己找借口。实际上，任何事物都有多面性，只要我们能拓宽思维，提高变通能力，懂得换个角度看问题，就会豁然开朗。

拓宽思维，我们才不会在一件事情上反复纠结，才不会过于计较成败得失。一般来说，懂得思维变通的人，不管遭遇了什么事，都能举一反三、触类旁通。所以，他们才能眼光独到，观点新颖，做人做事遥遥领先于众人。

　　说起来容易做起来难，想要提高思维变通能力，我们在日常的生活与工作中，就要时刻关注社会热点和新闻，这样才不会孤陋寡闻。当然，思维的变通也离不开勇气，一个人只有具有了面对一切困难的勇气与决心，在变通的过程中才会更加坚定与果敢。

　　除了勇气外，信心给予一个人的帮助也是极其重要的。只有信心满满，我们做起事情来才不会缩手缩脚，才有可能勇往直前去面对一切困难和挑战。反之，没有信心，做事时又如何能提起兴趣呢？没有兴趣，又如何能认认真真对待一件事呢？

　　其实，只要我们仔细观察就会发现，身边经常会出现一些"老古董"的人，这些人之所以获得这样的称谓，就是因为他们不懂得变通，不懂得从多角度看待和思考问题，所以他们很难适应这个复杂多变的社会。

　　反观那些懂得变通的人，顺应时代的发展，紧跟时代的步伐，与时俱进，生活越过越滋润，人生越过越幸福。

　　生活酸甜苦辣咸，就看我们以何种思维去看待。如果眼里看到的，心里想到的全是烦扰之事，那生活自然苦不堪言，哪哪儿都不顺；若积极乐观地面对一切，那苦楚阴霾自然消失不见，取而代之的就会是美好灿烂的光辉人生。

　　身处这个时代，不管内心是否愿意，我们都要随着时代的发展在思维上做出积极的变通，根据不同场合、不同背景的需求来做出合理的应对。也只有这样，我们才能在这个社会中更好地生存，去享受生活的美好，从而收获人生的幸福。

发散性思维，让思维得到创新

　　时常听到一些年长者议论，说时下的年轻人大多安于现状、不思进取，所以在工作中表现平庸，其实，不全然是这样的。有些人在工作中之所以不能脱颖而出，并不是不思进取，而是他们的思维受到了限制，所以无法推陈出新。

　　职场上，从来就不缺少那些踏实肯干之人，因为那样的人几乎每家公司都有，公司缺少的是那些逻辑能力强、思维方式活跃且具有创新能力的人才。尤其是图书公司、文化传媒、广告策划等行业，更需要一些在思维上大胆创新、别具一格的员工，只有这样，做出来的广告方案才会独树一帜，发行的图书才会给人耳目一新的感觉。

　　但这一切突出的成果，都需要从事这些行业的脑力工作者们推陈出新，用创新思维去带动整个团队和公司的水平，否则，从业的脑力工作者思维僵化、因循守旧，企业也得不到良好的发展。

　　现在很多企业都在不断为公司注入新鲜血液，目的就是希望新鲜血液能给公司带来活力，带来更好的发展。这也就是为什么越来越多的老板和领导，会对那些具有创新能力的员工高看一眼的原因。

　　因为企业要寻求发展，创新就是必然要经历的一段路程，只有敢于打破陈旧观念，冲破世俗的限制，大胆创新，企业的创新之路才会走得顺畅，未来发展才会更上一层楼。

　　从这些方面来看，创新无疑是对企业最好的帮助，如果我们能举一反三，对所有事情做到"一题多解""一事多写""一物多用"，并从现在开始努力培养发散性思维，让自己养成勇于创新的良好习惯，那未来的职场之路我们一定会走得格外顺畅。

说起创新，很多人都会摇摇头说："创新，听起来好难啊，我恐怕做不到"。之所以觉得创新很难，自己做不到创新，就是因为这些人善于用外部环境和灵感枯竭来为自己找借口开脱。

实际上，创新最主要的目的就是打破传统思维带来的束缚，将一些旧思想、旧制度、旧形式、旧观念彻底废除，再根据时下的发展需要及形势，重新制定更完善、更切实可行的规章制度与解决方案。总而言之，创新就是运用发散性思维想出一种高效的方法，有针对性地解决问题。

发散性思维，让思维得到创新。创新说起来容易，但真正实施起来却存在一定难度，具体难在哪里呢？其实，难就难在思维的禁锢。

一般来说，每个人的脑海中都存在一种思维上的习惯，遇到一些常见性问题，就会不假思索地运用这种习惯来思考问题，以为这样就是最好的、最适合自己的解决问题的方式，却从未想过这种思维也会给我们带来错误的认知，也会成为我们创新路上的阻碍。

如果事先不知情倒也情有可原，但就怕那些什么道理都明白，却依然不肯做出改变的人，这才是我们创新路上最大的阻力。

想要推陈出新，让自己脱颖而出成为众人的焦点，除了尽最大努力培养发散性思维，我们还要拥有积极向上的热情与自信，并让自己远离消极负面情绪的干扰。一件事，有些人还没开始做就自我否定，将"我不行""我做不到""我没有能力"之类的话挂在嘴边，明明很轻松就能做到的事，就因为自我否定而丧失信心，从而不敢也不愿尝试。

聪明的智者往往不会这样做。他们自信满满，会经常对自己说"我能行""我可以""我做得到"等正面的话为自己加油打气。长期处于正面积极的心理暗示下，这些人逻辑清晰、思维活跃，在职场上就能发挥出自己的创新才能，也懂得为自己谋求更好的发展机遇。

生活中，处处留心皆学问，只要我们善于观察、善于发现，就能从一些细微中找到创新的入口与方法，从而对症下药，让自己的工作与生活得到更高效的提升。

成伟是某牙刷公司的一名普通员工。他使用的是自己公司生产的牙刷，然而他却从中发现了一个问题，一旦刷牙时力度稍稍大一点，牙刷的刷毛就会刺破牙龈，导致牙龈出血。

刚开始出现这种情况时成伟没太在意，可后来经常会刷破牙龈，经过观察，成伟发现问题出在牙刷的刷毛上。站在一名消费者的立场上来考虑，如果每次刷牙都出现牙龈出血的状况，那之后谁还愿意购买这个牌子的牙刷呢？更何况，自己作为牙刷公司的一员，更应该避免这种情况出现才对。

这天，成伟早上刷牙时一不小心又导致了牙龈出血，心情烦躁的他到了公司后，便询问其他同事，结果大家反映都遇到了同样的情况。

为了避免这种情况再度发生，成伟和同事们针对此事展开了激烈的讨论，经过一番探讨、商议和反复试验，成伟他们最终确定了导致牙龈出血的罪魁祸首就是刷毛。

原来，牙刷在生产过程中，上面的刷毛都是采用专门的机器来切割的，机器切割虽然看上去整整齐齐，却造成了刷毛的尖锐与锋利，因此，人们在刷牙时力度稍大一些便容易造成牙龈出血。

怎么才能避免这种情况发生呢？成伟和同事们在探讨后得出了结论：只有将机器切割刷毛的形状变成圆角，才不会轻易刺破牙龈导致出血。

为了验证这一理论，成伟和同事们经过了反反复复的试验和论证后，最终确定，将刷毛形状改为圆角。于是，成伟向公司提出了改良的建议，并得到了公司领导的认可，之后公司将生产的所有牙刷刷毛形状都改成了圆角。

做了改良的牙刷很快就受到了消费者的热烈追捧，不仅给公司带来了经济效益，也带动了市场消费。再后来，成伟便受到了高层领导的赏识，职位和薪水都有所提高。

人们每天都会刷牙，或多或少都遇到过被尖锐锋利的刷毛刺破牙龈导致出血的状况，哪怕这些人中也有在牙刷公司工作的员工，但很多人都没有留心过这方面的问题，他们误以为是自己牙龈发炎，或自己不适合这种款式的牙刷，从来没有深究过问题有可能出现在刷毛上。

生活中，像成伟这样仔细观察勇于创新的人不在少数。只要处处留心，处处都是学问，任何一个人若能始终培养发散性思维，并勇于创新，那这样的人无论走到哪里都会是"香饽饽"，因为他们既能独具匠心，对事物做一些巧妙的构思与发明，也能从生活的点滴中发现一些他人不曾留意的重要信息。

职场如战场，如果我们只顾埋头苦干，却不懂得如何创新，即使我们累得像老黄牛一样，想要在职场上得到一个好的发展恐怕也会是一件很难的事。我们只有在勤奋的基础上，加上创新的思维，二者合一，这样做起事情来才会更高效，我们的职场之路才会取得突破性进展。

放下执念，转换思路交好运

某些时候，执着是一种难得的品质，可以让人们对一件事情持之以恒；但某些时候，太执着也并非好事，执着过度就会演变成一种执念，这种执念会让人变得迂腐、呆板。在如今这个事事追求创新的时代，一个人若过度偏向执着，就很难融入这个社会。

不管是做人还是做事，想要与他人打成一片，想让事情做起来得心应手，我们就要转变思路学会全方位考虑问题。正如有位哲学家曾说："你改变不了过去，但你可以改变现在；你改变不了环境，但你可以改变自己。"

不是有句话叫"树挪死，人挪活"吗，事物是死的，但人是有思想的。一件事，若运用这个方法没有解决，便可以尝试换一种方法去解决，要知道生活有一百万个不确定，也有一百万种可能性。

放下执念，转换思路我们才不会故步自封，才不会被陈旧的经验束缚手脚。这样，我们在遇到问题时，才会具体情况具体分析，才能准确清晰地知道自己脚下的路该如何走。

生活中，不乏一些一条道走到黑的人，他们不懂得转换思路，所以遇事爱钻牛角尖的他们，总是将自己的情绪变得非常糟糕，让自己的生活过得不快乐。但其实，这个世界上的事物每天都在发生着变化，如果我们的思想还保持着一成不变的话，那终有一天，我们会跟不上形势，会变成一个与社会脱节的人。

《商君书》中有一段话是这样说的："聪明的人创造法度，而愚昧的人受法度的制裁；贤人改革礼制，而庸人受礼制的约束。"没有规矩不成方圆，在这个复杂多变的社会中，每个人都要遵守规矩，但规矩也不是一成不变的，也可以因人而异、因事而异。

所以，任何事情都要学会转换思路、灵活运用。纵观身边那些成功人士，便可以发现，他们的成功除了知识、经验、阅历、人脉等一些方面的积累外，也离不开思维方式的转变。也正因为转变了思维，他们在前进的道路上才能进退自如、别具一格，以一种灵活多变的思维方式超越别人。

前进的道路上，不管遇到的问题是简单还是复杂，我们在看待一件事情时，不要凭借表象就轻易下定论。尤其是遇到困难险阻经过多方努力仍然毫无进展时，我们不妨转换下思路，换一种思考方式，也许疑难杂症就能很快迎刃而解。

德国奔驰汽车公司的成功经验证明了这点。他们采取了逆向思维的办法，走出的险棋是：在巴黎举办汽车赛。

奔驰汽车以其雄厚的实力而雄踞于世界汽车制造业前列：世界上最早的一辆汽车就叫奔驰，而奔驰公司的创始人卡尔·本茨和哥特里普·戴姆勒正是汽车的缔造者。只是到了埃沙德·路透的时候，这个满怀雄心壮志的德国人，决定要采取另一种竞争方式来稳固奔驰的地位。

"奔驰车将以两倍于其他车的价格出售"，这话说起来容易做起来难，然而路透似乎早已下定了决心，他知道如果不设法提高奔驰车的质量，在以后越来越激烈的竞争中势必适应不了风云变幻的市场，靠老牌子吃饭是支持不了多久的，他感到自己有责任来为奔驰开辟新的发展道路。

现在，奔驰汽车公司已是德国汽车制造业最大的垄断组织，也是世界商用汽车的最大跨国制造企业之一，奔驰汽车以优质高价著称于世，历时百年而不衰。

　　时代在变、社会在变，我们每个人也要学会适时而变。古语有云："穷则变，变则通，通则久。"尤其在思考问题时，更应该学会转换自己的思路，让思维腾飞，只有这样才能与时俱进，努力跟上时代的步伐。

　　放下执念，转换思路交好运。也只有放下了执念，转换自己的思路，我们看问题才会更透彻，考虑事情才会更全面，收获的结果才会大不同。

跳出思维的怪圈，才能获得无数种可能

不可否认的是，每个人都有着属于自己的梦想，但最终能够将梦想付诸行动并成功实现的人屈指可数。有些人满腔热情，却处处遭遇打击；有的人接连碰壁，便轻言放弃。为什么他们没能实现梦想呢？

很简单，因为他们限制了自己的思维，导致大脑没有展开充分的联想。其实，某些时候、某些事情，若能化繁为简，那么很多事情便能轻而易举地得到解决了。

卡曾斯说："把时间用在思考上是最能节省时间的。"这话说得非常有哲理。说白了，也就是一个人做事若不善于思考，对事情的认识与分析就不会全面、透彻，这样是很难对症下药的。

由此可以推断，不管任何时候做任何事情，思考都是提高效率的最佳方式之一。所以，一个人只有开动自己的大脑勤于思考，才能以最快的速度、最高的效率解决问题，达到成功的目的。

在某市，有一家著名的饭店——祥气大饭店。

这家饭店的老板为了解决楼层拥挤给客人造成的不便，决定再重金聘请当地最有名的工程师和建筑师，来帮他筹建一部新式便捷的电梯。

对于筹建电梯的问题，建筑师和工程师实地考察后，再根据自身多年的经验得出结论：饭店若想新装电梯，只有停止运营。但这一点，饭店老板实在不情愿，因为停止运营也就意味着饭店将蒙受一大笔经济上的损失。

饭店老板问："除了这个方法外，难道就没有其他好的解决方案吗？"

建筑师和工程师异口同声地说："是的，这个是目前来说最好的办法了，对于贵店即将遭受到的经济损失，我们感到很抱歉。"

就在饭店老板和工程师们讨论这个问题时，一位在大厅打扫卫生的年轻清洁工，突然语出惊人说了这样一句话："电梯难道非要安装在大楼里面吗，外面不可以吗？"

"对呀，我们怎么没想到呢？"工程师、建筑师和老板一听这话，都高兴得合不拢嘴，连忙拉着年轻人一起参与了讨论。

没过多久，这家饭店的室外电梯便开始动工新建了，而这也是建筑史上的第一部室外观光电梯。

为什么一位打扫卫生的清洁工都能提出如此巧妙又独具新意解决问题的方法呢？就在于这位年轻人他能跳出传统的思维圈子，他的想法才能与众不同，并给人耳目一新的感觉。而建筑师和工程师因为将自己的思维方式固定了，所以没有想到电梯除了室内，同样也可以安装在室外。

不得不说，思维对于一个人很重要，跳出思维的怪圈，你才能获得无数种可能。在这个脑力制胜的时代，一个人若点子多、想法新又独具创意，不仅能高效率地解决问题，还可以在众人面前快速提升自己的价值与存在感。

因此，我们应该尽早跳出思维的怪圈，让自己的头脑变得灵活、聪明起来，从而为自己、为他人想出更多的金点子。

也只有跳出传统思维的怪圈，我们才能敢想、敢干，做一些在他人眼里认为不可能的事。而这也要求我们在生活、工作中，对每一件事、每一个人都要深入观察、深入思考，这样我们才能为自己的未来发展积蓄力量。

仔细观察生活中那些遭遇失败的人，就不难发现，他们失败的原因很大一部分都是由于不勤于思考且没有用对方法，表面看起来他们在努力，实际上做的都是无用功。如果我们不想和那些人一样，那我们就要打破固定思维带给我们的枷锁，从现在开始对每件事都认真思考。

只有思考才能让我们体内爆发出一股惊人的力量，去对抗外界那些杂乱无章的事情；只有思考才能让我们逻辑清晰，对每件事情的条理有一个明确的认知；也只有思考，才是我们通向成功的法宝。因为任何情况下，它都可以帮我们省时省力，让我们从困境中看到希望，从不可能中看到可能。

在美国郊区的农村，一位老人和他唯一的儿子相依为命。

一位年轻人找到这个老人说要将他唯一的儿子带到繁华的大都市去工作，老人一听便拒绝了，因为他不想和儿子分开。这个年轻人又说："如果今天你能放他，那改天我就能想办法让他做石油大王洛克·菲勒的女婿，你觉得怎么样？"

听到这个极具诱惑的条件，老人想了想便同意了。之后，这个年轻人想方设法见到了美国首富、石油大王洛克·菲勒，并对他说道："您好先生，我想给您的女儿介绍男朋友。"洛克·菲勒一听，生气地说："我的女儿不需要你这无名之辈来介绍，你从哪里来就给我滚到哪里去！"

年轻人一点也不恼怒并接着说："假如我给您女儿介绍的男朋友是世界银行的副总裁呢？"听到对方这样说，洛克·菲勒思考了一下就同意了。

接着，这个年轻人又找到世界银行总裁，说："您好，总裁先生，您现在需要马上任命一位副总裁！"银行总裁摇摇头说："我为什么要任命副总裁，而且还要马上，我凭什么要听你的安排？"年轻人不愠不怒地说："如果这个即将任命的副总裁是石油大王·洛克菲勒的女婿呢？"银行总裁一听立马就同意了。

最终，在这位年轻人的多方奔走努力下，那个来自乡下的穷小子不但真成了石油大王洛克·菲勒的女婿，还成了世界银行的副总裁。

不得不说，这个年轻人真是太聪明了。他能成功说服洛克·菲勒和银行总裁接受他的建议，让一个乡下小子摇身一变由底层人士一跃成为上流人士，并收获众人景仰的目光。这一切都来源于他的头脑灵活，打破固定的思维方式，所以才能快速找到成功的捷径。

大脑主宰着一个人所有的思想与行为，思维是否活跃，取决于他的头脑是否灵活，只有大脑灵活多变，思维才能极具创意。一个人若想取得进步，若想找到成功的捷径，就一定要改变自己的思维方式，这样考虑问题、处理事情起来才会事半功倍。

哪怕面对的是再复杂多变的事情，只要我们能开动脑筋，跳出固定思维的束缚，灵活多变地去考虑问题，再怎么不可思议的事都能一一化解，最终得到意想不到的结果。

没有憋死的牛，只有愚死的汉

相信很多人都听过歌手那英演唱的《山不转水转》这首歌，歌词的开头是这样写的："山不转那水在转、水不转那云在转、云不转那风在转、风不转那心也转。"从字面意思来看，也就是说天无绝人之路，不管遇到什么问题，总会寻求到合适的办法解决。

正如有句话说："没有憋死的牛，只有愚死的汉。"面对困难，只要我们能够积极开动脑筋，多方位寻求解决问题的方法，就能"守得云开见月明"。

世间之事都可以融会贯通，就看我们如何自寻出路。我们不妨假设下，当我们驾驶车辆行驶在路上，眼看就要到达终点时，前方弯道处突然出现了一块红色警示牌，上面写着："此路不通，请绕行。"看到这几个字，我们内心会是什么感觉呢？

相信有的人一定会忽略这个提醒，然后坚持己见继续走下去，大有不达目的誓不罢休之势，但最终，这样的人在碰完钉子后就会灰头土脸调转车头原路返回。这样的人也就是人们常说的"死脑筋"，在工作中他们常常会因此耗费了不少的时间与精力，不仅磨灭了自己的兴致，最终也白白做了无用功。

也有的人看到警示牌后，就下车观望，既不想调转车头灰溜溜地回去，又不想盲目地冲上前去替他人探路。抱着这种矛盾心理，内心便一直纠结于此，结果下车观望到日落西山，也没能做出任何实质性的行动。这样的人往往具有优柔寡断的性格，他们既不肯冲锋陷阵，又不愿脚踏实地，所以工作上没有什么建树不说，还因此给人生留下遗憾。

还有一类人，遇到这种情况时他们会在短时间内迅速做出决策，会调转车头积极地寻找其他出路。哪怕前行的道路上荆棘密布、坎坷难行，他们也会坚持前进，直到寻找到一条通往目的地的大路。毫无疑问，这样的人就是生活的强者，他们懂得此路不通另寻出路，懂得在变幻莫测的环境中选择一种最切实可行的方式来解决眼前的实际问题。正因为如此，不管遇到何种情况，他们都能轻松应对。

A市是某省的工业城市，由于一些中小型企业排污设施不达标，使得工厂周边的很多河流都受到了严重污染，下游生活的居民用水更是受到了威胁。为此，当地的环保部门对那些排污企业进行了限改与罚款措施，但治标不治本，这并没有从源头上解决问题。

为此，有人出谋划策说强令那些污染严重的企业在工厂内部安装污水处理设备。但那些下属的企业阳奉阴违，当环保部门来检查时他们就启用设备，当检查的风声过后，他们依然我行我素直接将污水排放到河流中。

屡禁不止后，当地环保部门终于想出了一个办法，根据著名思维学家德·波诺提出的设想：立一项法律——工厂的水源输入口，必须建立在它自身污水输出口的下游。

对于这个想法，或许有的人觉得不可思议，但事实证明这却是一个一劳永逸的好办法。对于那些排污企业来说，如果自己不自律，就会导致厂里的污水恶性循环，即排出污水和输入污水，自身利益受到了侵害，之前那些表里不一的工厂就不得不乖乖照办了。

聪明的人在面对问题时，总是会比他人看得远、想得多，更懂得"此路不通，请绕行"。无独有偶，下面故事中的老陈就是这样的人。

老陈是当地镇上有名的水果批发商，他卖的水果都是自产自销，不仅色泽鲜艳，味道更是甘甜爽口，尤其是他家种植的苹果，那味道更是一绝。

有一年，就在他家苹果园里的苹果将要被采摘时，却突然遭遇了极端天气，被一场突如其来的冰雹给砸伤了。面对这突如其来的灾难，老陈没有唉声叹气，而是积极想办法解决这一难题。

几天后，老陈在镇上一些人流量大的街道口贴出了这样一则广告，上面写着："亲爱的顾客，当你看到我脸上的伤疤时，请不要惊讶，因为这是上天给予我的珍贵礼物，也是高原红苹果独一无二的天使之吻。请注意，脸上有伤疤的我才是正宗的高原红苹果哦。"

这一创意堪称绝了。老陈站在苹果的角度来打这则广告，一下子就将那些卖相不佳的苹果销售一空。

世上无难事，只怕有心人。如果我们不积极寻找解决问题的办法，而是态度消极，一脸沮丧，什么事情也不做，机会是从来不会主动送上门来的。任何事，只要用心去想、认真去做，总能想到一个最具创意的好点子来解决所有难题。哪怕希望渺茫，也不要悲观失望，只要开动脑筋寻找方法，总能找到一条全新的出路，帮助自己走出困境。

如果对此还是有所疑惑的话，那么不妨听听那英演唱的《山不转水转》这首歌，或许听完之后内心就能豁然开朗、收获良多：

心不转那风在转，

风不转那云在转，

云不转那水在转，

水不转那山也转，

没有憋死的牛，

只有愚死的汉……

没有留不出的水，

没有搬不动的山，

没有钻不出的窟窿，

没有结不成的缘，

那小曲好唱唱好了那也难，

再长的路程也能绕过那道弯，

也能绕过那道弯。

拆掉思维的墙，才能看清事物的本来模样

在本节开始之前，我们先来看一个笑话：

一位昏昏欲睡的货车司机，驾驶一辆小型四轮货车行驶在山路上。突然，迎面驶来了一辆越野车，就在双方车辆会车时，越野车上的司机猛地按起了喇叭，并对着货车司机说："猪！"说完还用手指了指后方，接着就扬长而去了。

昏昏欲睡的货车司机，被越野车司机的喇叭声打扰了，又听到对方说"猪"，内心很是窝火，便扭着头冲着远去的那辆车大骂："脑子有病吧！"待货车司机骂完再回过头来看前方时，才发现前面不远处一群猪正横行在马路上。

直到此时，货车司机才明白越野车司机口中的"猪"是提醒自己前方路上有猪，但为时已晚。当货车司机反应过来时已经来不及了，为了避开那群猪，他一不小心将车开进了河里。

货车司机之所以把越野车司机的好心提醒当作了恶意，是因为他局限了自己的思维，导致心中所想、眼中所看到的只有自己的世界。正因为如此，货车司机这才发生了车祸。

不只是这个货车司机，身边很多人都会犯这样的错误。因为思维局限从而导致视线受阻，只能看到自己心中所想象的世界。实际上，这种认知是不全面、不真实的，并且带有一定的局限性，毕竟每个人的成长环境和接触的群体不同，眼中看到的世界也会截然不同。

比如，化妆师在看到一个人时，就会去观察对方的五官，以五官来判定这个人是否漂亮；医生在看到一个人时，就会从对方的面色和

说话时的精神状态，来判定这个人的健康程度；心理咨询师在看到一个人时，就会从对方的言谈举止和穿着打扮，来判断这个人的心理状况；理发师在看到一个人时，就会依据对方的脸型和发际线的高低，来判断这个人适合什么样的发型……

每个人在看待一件事物时，都会站在自身角度去看待问题，也就是说，每个人眼中的世界都会受到自身思维的局限。

一位非常有名气的摄影师在法国巴黎举办了一场个人摄影展，吸引了很多爱好摄影的人前来参观。展览的大厅里，每幅作品前都站满了人，大家在认真观看他作品的同时，也时不时展开一些讨论。

在众多的摄影作品里，有一副名为"签证"的摄影作品内容是这样的：在申办出国签证和护照的窗口前，队伍排起了长龙。作品的右下角还写着一行英文，翻译过来就是：在中国，想要快速办理出国的签证和护照，绝非易事，它需要经历一段漫长的等待。

这幅作品的一前一后站了两个人，一个是中国人，一个是法国人。法国人看完作品后，有些感慨地说："唉，世界这么大我想去看看，还真不是一件容易的事，办个签证和护照还需要等待一段漫长的时间"。中国人欣赏完这幅作品后说："的确，很多同胞都希望能出国镀个金，这样方便回国找工作。"

不管是法国人还是中国人，他们的思想都受到了思维的局限，导致眼里只能看到自己心中所想的世界。所以，他们心中所思、眼中所看，都是片面性的。

但实际上，人们由于长期养成的习惯，会使得人体大脑对外界信息的接收具有选择性，会自动筛选人们喜欢、感兴趣的信息，过滤那些人们不熟悉或排斥的信息。这种选择性的信息接收，就会造成我们眼中看到的世界带有局限性。

这就好比我们在社会交往过程中，会自动忽略掉那些我们讨厌的人和事，从而让自己"眼不见心不烦"，耳根清净。

　　一个人若长期处在这种状态下生活，只愿意看到自己想看的世界，那这样的人想要有所建树、想要取得进步，恐怕很难。为什么这么肯定呢？因为这样的人不具备长远的目光、发散性思维和有效的人脉，即便他是高学历，那也是独木难成林。

　　尤其是眼界和思维对于一个人的重要性，更是不言而喻。只有冲破传统思维的束缚，努力拓宽自己的眼界，我们才能以一种理性而全面的目光去看待这个世界，以一种成熟而睿智的思想去考虑问题，也只有这样，我们的认知才会更全面，判断才会更准确。

　　拆掉思维里的墙，才能看清事物的本来模样。因此，我们必须适时做出改变，才不会让这一切变成空谈。

　　首先，我们要从日常生活的点滴做起，多留意、多观察、多接触一些新鲜事物，让自己的阅历变得丰富起来；其次，对于他人的观点与意见要多聆听、多探讨、多思考，凡事不要太片面，要学会全方位看待问题；再次，多交友、多学习、多走走，让自己从社会交往中吸取一些成功人士的经验，并试着走出去，见识外面更广阔的天地。

　　人生短短几十年，我们若想在有生之年让自己的人生大放光彩、不留遗憾，就要勇敢坚定地拆掉阻挡我们思维的那面墙，让自己的内心变得丰盈起来，让自己的视线变得清晰起来，发现这个世界的真善美。

有疑问就要敢于质疑

"现代法国小说之父"巴尔扎克曾经说过这样一句话:"打开一切科学之门的钥匙毫无异议是问号,我们大部分的伟大发现应归功于'如何',而生活的智慧大概就在于逢事都要问个'为什么'。"

一个人若不想让自己变得平庸,想寻求改变与突破,就要像充满好奇心的孩子那样,逢事都问个"为什么",尤其是对那些感到困惑的事情,更应该大胆提出自己的质疑。也只有勇敢提出质疑,我们才能对一件事清楚明了,才能得到最正确的答案。要知道很多极具创意的发明与点子,最初都来自生活中刨根问底的疑问。

对于不认可的东西要敢于提出质疑,这点显得尤为重要。质疑,可以让我们尽早发现问题从而避免错误,让自己取得更好的进步。

一位老人在弥留之际,将所有子孙都叫到病榻前一一训诫和嘱托。嘱托完毕后,跪在第一排的儿子问:"父亲,您即将离我们远去,您能在走之前告诉我们,什么是人生的真谛吗?"

这位老人撑着一口气微弱地说:"人生就像一条河。"大儿子听完后便把老人的话转述给了后面一排兄弟姐妹们,小声地说:"父亲说人生的真谛是,人生就像一条河"。第二排的兄弟姐妹听完后又把这话转述给后面的人:"父亲说人生的真谛是,人生就像一条河。"

就这样一路传下去,没有人对这位老人的话提出质疑,直到这话传到跪在角落里那个看起来又呆又笨的重孙子那里时,他问:"祖爷爷为什么说人生像一条河?什么意思,我有些不明白。"

这个重孙子的话又被前面的长辈传了回去,传到跪在第一排的大儿子那里时，他说："这么简单的道理都不懂，真是又蠢又笨。我可不想因此而打扰父亲清静，传话下去：人生曲折难行，似河水蜿蜒曲折；人生忽喜忽悲，似河水时清时浊。"

这话被传到了那个重孙子那里，他听完后说："我只想听祖爷爷的本意。人生就像一条河，想要表达的意思是什么。"

接着，这句话又被传到了大儿子那里，大儿子不愿再为此事烦扰，便向这位老人问道："父亲，您的重孙让我问您：'人生就像一条河，想要表达的具体意思是什么'？"

这位老人用尽了全身最后一点力气，说："嗯，人生不像一条河"。说完，便与世长辞了。到最后，那位重孙也没有明白祖爷爷话里的意思。

这个故事意在告诉我们，如果那个重孙子对祖爷爷的话没有提出质疑，那这位老人也不会说出那句"嗯，人生不像一条河。"那他最开始说的那句"人生就像一条河"，就会像真理一样，在整个族人的脑海中挥之不去，有可能会被当成家族的遗训代代传承下去。

假设，这位老人在弥留之际是想要告诉众子孙——人生就像变幻莫测的河流那样充满着无数可能，在遇到难以解决的问题时，思想上要像河流一样懂得融会贯通……

对于这位老人具体想要表达的意思，我们无从知晓，但不管他想要表达的意思是什么，如果内心对此有疑问，就可以大大方方地提出质疑，不要害怕被人嘲笑，也不要被对方的身份所震慑。

要知道，质疑是每个人享有的权利，对那些有疑问的事情只有勇敢提出质疑，才能避免把错误当成真理，才不会让自己在错误的道路上越走越远。

可惜的是，现代社会中很多人对那些成功人士、权威人士的言论都深信不疑，认为他们不可能会出错。事实上，任何人都有可能犯错，当我们对此有不同的想法与观点时，就要勇敢提出质疑，尤其是在这个讲究创新的年代，我们更要突破自己，对那些有疑问的事情提出质疑。

生活中，不乏一些思想老套、观念陈旧之人，若我们不懂得质疑，对他人的观点不管正确与否，都囫囵吞枣、来者不拒，就会让自己盲目地走进一条死胡同。

正如著名演说家伯恩·崔西所说："很多事之所以会失败，是因为有些人没有遵循变通这一成功原则。大千世界变化无穷，生活在这个复杂的环境中，是刻舟求剑、按图索骥，还是举一反三、灵活机动，将直接决定着一个人的生存状态。"

有疑问就要敢于质疑。在人生的旅途中，我们想要推陈出新、打破常规，就要对那些不认可的观念与意见提出质疑，并在质疑的过程中吸取正确的方法，摒弃错误的经验，来弥补自己的不足。

值得注意的是，在提出质疑之前，我们也要多方论证以确保准确性，切不可仅凭片面之词不加思考就稀里糊涂去质疑他人，否则，就会让自己陷入尴尬的境地。

思路改变想法，想法改变结局

成长路上，每个人或多或少都会遇到一些困难和挫折。当困难和挫折纷至沓来时，有的人害怕遭受打击选择了逃避，有的人挺起脊梁与困难和挫折硬碰硬，有的人既不逃避也不硬碰硬，而是学着调整自己的思路，努力去寻找一种最有效的解决办法。毫无疑问，最终能将问题有效解决的一定是第三种人。

菜市场里，许多做生意的人常常羡慕那些卖豆子的生意人，即便当天的豆子没有卖完也不用担心豆子会坏掉，为什么会这么说呢？因为卖不完的豆子，可以磨成豆浆；豆浆如果没有卖完，还可以做成豆花；豆花卖不完，可以做成豆腐，而豆腐还可以做出各种花样来，比如嫩豆腐、老豆腐、豆干、豆皮、熏豆干等；如果这样还是没有卖完的话，还可以做成豆腐乳。

除了以上这些外，豆子还有许多"出路"：没卖完的豆子加点水，可以长成豆芽；如果豆芽卖不完，那就拿回家让他继续生长，变成豆苗；如果豆苗卖不完，就把它种植成盆景，做成盆景豆苗去卖；如果盆景豆苗也不好卖，那么把它种植到田间地头，让它吸取大地的养分再生长，最后又结成豆子。

豆生豆，生来生去变成成百上千颗豆子，然后再用这些豆子去做成各种各样的产品去卖，如此循环利用，是不是很划算的一桩生意呢？

一颗毫不起眼的豆子都能把自己的生活过得精彩绝伦、与众不同，那我们自己呢？是不是也应该像这颗豆子这样，改变自己的思路与想法，去勇敢地面对生活中遇到的各种难题呢？只要我们遇事不逃避，态度乐观积极，全方位去看待问题，就能将不可能变成可能，从而看到一万种可能。

但其实，很多人在遇到一些难以解决的问题时，总是一条道走到黑，总是盯着眼前的问题不放，以为这样才有助于解决问题，实际上，这对解决问题一点帮助都没有。与其在一件事情上反复纠结、揣摩，还不如冷静下来好好想想，以一种全新的思路和视角去看待问题，然后化繁为简，这才是解决问题的正确方式。

也只有学会化繁为简、化整为零，哪怕面临的问题再棘手、再艰难，我们也可以迎刃而解、轻松应对。

周民权是河口村里最聪明的人，因为他遇事总喜欢寻根究底又爱动脑筋思考，所以他每次都能不费吹灰之力将一件事情完成，并获得最大的利益。

河口村几乎每家每户都会种土豆，每年秋后，人们都会把收获的土豆按大、中、小三个档次来进行分拣。为了自家的土豆在个早市上卖个好价钱，村民们那段时间都会起早贪黑挑土豆。

可今年周民权却没有和大家一样，起早贪黑在家里分拣土豆，而是不分大小把所有土豆直接装在了麻袋里。在他看来，分拣土豆费时费力不说，还会耽误土豆的行情，因为赶不上早市，价格就会低一些。

当然，周民权在把没有分拣的土豆运往市场时，并没有选择通往市场的那条平坦公路，而是故意选择了一条崎岖不平的狭窄山路。正因为山路崎岖不平，导致装在麻袋里的小土豆就慢慢掉到了麻袋的最底层，这样子他就不用费多少时间与精力，大、中、小三种档次的土豆就自然而然地分好了。

也正因为他成功赶上了早市，所以土豆的市场行情非常好，相比村里那些后来卖土豆的人，他不仅钱赚得比他们多，而且也节省了不少时间。

不管是工作中还是生活中，每个人都会遇到难题，有些问题之所以久攻不下，就是因为我们总以一种一成不变的眼光去看待问题，因而遭遇瓶颈。如果我们能改变思路、改变想法，以一种全新的视角去看待、去处理，那结果就会截然不同。

在某个小镇上住着一位千万富翁，富翁的别墅里有一个非常大的花园。因为花园入口的另一边连着一大片山川和河流，一些人误以为是大自然的美景，便时常在夏天进入花园里露营、烧烤、游泳、写生，这些人一来，每次都会将花园里弄得一片狼藉。

富翁家的用人屡次驱赶无效后，便在花园的入口处写下了"私人园林，禁止入内"字样的牌子，但这根本就起不到任何作用，那些进来游玩的人仍然我行我素，该破坏的还是照样破坏。

用人毫无办法，只得向富翁请求，富翁沉默了片刻后，亲自动手做了一个特别醒目的警示牌，并写了这样一段话："温馨提示，此花园常有毒蛇出没，如果在游玩时不小心被毒蛇咬伤，请第一时间赶往最近的医院，最近的医院距离此花园10公里，驾车需要半小时。"

自打这个温馨提示的牌子出现在花园的入口处后，就再也没有人随意闯入花园了。富翁的花园又恢复了往日的宁静。

生活纵有千般不如意，我们也要勇敢面对。逃避不能解决问题，即便是硬碰硬也收不到一个良好的效果，如果我们不懂得避重就轻，不懂得调整思想、转换视角，那我们做再多的努力也是徒劳无益。

思路改变想法，想法改变结局。若不想被困难、挫折轻易吓倒，不想被一些烦恼之事困扰，我们就要努力转换自己的思路，改变自己的想法。唯有这样，才能化繁为简、化整为零轻松应对生活中的所有难题。

第三章 | 反视角：打破一切常规，
DISANZHANG | 对抗你的习以为常

　　在前行的道路上，很多人总是害怕承担失败的痛苦而茫然不知所措，殊不知，人生充满了无限可能，任何不可能的事经过千辛万苦的付出与努力都有可能获得成功。只有敢于打破一切常规，对抗之前的习以为常，才能更好地去追求自己的理想，创造人生的奇迹。

常规看法，时常导致错误做法

我们都知道，大象能用鼻子轻松地将一吨的重物抬起来。然而在马戏团，这样强壮有力的大象，只要一根小小的木桩，就可以被轻松制服，为什么会这样呢？

答案很简单：惯性思维在作祟。

在大象年幼的时候，那些饲养大象的人，便会用沉重的铁链把它们拴在固定的铁桩上。对于幼象而言，铁桩是沉重的，即便它们花费再多的力气，也无法挣脱束缚。慢慢地，幼象便会放弃挣扎。

后来，幼象长大了，力气也增加了，它们已经有了足够的力量去挣脱铁链，但是，在漫长的时光中，它们却逐渐习惯了铁链，甚至只要身边有桩，它们便不会乱动。

这便是惯性思维和常规看法所带来的巨大影响。其实，相比于大象，人类也并不会高明多少。至少在摆脱常规看法和惯性思维这件事上，人们的表现其实和大象有异曲同工之处。

有人曾邀请100名成人做了一个问题测试，题目来自小学生课外读物：

有一天，一位公安局局长与他人在路边谈事情，这时候，一个小女孩急匆匆地跑了过来，并焦急地对那位公安局局长说道："快回家，你爸爸和我爸爸在我们家楼下吵架呢"和公安局局长谈话的人问局长："这个孩子是谁啊？"公安局局长说："这是我的女儿。"那么，请问吵架的两个人分别是局长和那个孩子的什么人？

问题看似复杂，答案却十分简单：公安局局长是一位女士，吵架的双方分别是孩子的爸爸，也就是局长的丈夫，以及孩子的外公。

然而，出人意料的是，这个几乎所有孩子都能回答正确的问题，却难为了很多的大人，在参加测试的100个人中，只有两个人给出了正确答案。

和大象一样，这些参与了测试的大人，大多数都受到了思维定式的局限。按照常规，他们理所当然地认为公安局局长一定是一位男士，而不可能是女士。于是，他们便走入了思维的死胡同，即便想破脑袋，也无法给出正确答案。

这个问题其实很具有代表性，在现实的生活中，许多人都会如同参与问题测试的100个人一样，因为受到常规看法的影响，局限在惯性思维之中无法突破，所以找不到正确的方向。

我们说，一个人的思维应该顺应形势的变化而变化，墨守成规是永远无法摆脱束缚的，更无法获得创新思维。在现实社会中，很多人之所以不愿意改变，究其原因，其实是因为他们害怕承担改变后的风险，认为自己过去这样做就挺好，没有必要改变什么。

事实上，这种心态是很可怕的，带着这种思维的人，当遇到以前没有出现过的重大危机时，往往会依照旧例行事，殊不知，过去的旧方法有时是无法解决现在的新问题的。由于不懂得变通，他们最终只能眼看着危机扩大而无能为力。

懂得打破常规、跳出固定思维，是获得成功的重要一步。古往今来，那些集大成者，无一例外都做到了这一点。

说到这里，许多人可能会说，我也想换一种眼光去看得问题，换一种思维去分析问题，我也希望找到思维瓶颈的突破口，可是要怎样做，才能让想法得以实现呢？

以下几点建议，值得参考：

一是摒弃过去陈旧的眼光，换个角度看待问题

摒弃过去陈旧的眼光，换个角度看待问题，你才能找到新的出路，收获新的精彩。

有这样一个几乎所有从事销售工作的人都知道的故事：

曾经有A和B两个鞋厂，都想要开拓海外市场，于是各派出一名推销员去太平洋上的某个岛屿推销自己的鞋子。

A厂的推销员刚刚到达那个小岛，就发现当地竟然没有一个人穿鞋，经过一番询问之后才知道，原来这个岛上的居民没有穿鞋子的习惯。他很沮丧，第二天便购买了回程的机票打道回府了，并告知公司，这个岛上的所有居民都不穿鞋，这里没有市场。

而B厂的推销员刚到该小岛时，同样发现了当地人光脚走路的习惯。与A厂的推销员不同的是，他为此感到非常兴奋，因为他认为这个岛上的居民没有一个人穿鞋子，有非常大的市场潜力。于是，他立刻让老板寄一百万双鞋子到这个岛上，并在很短的时间里把鞋子售罄。

B厂的推销员之所以能获得成功，是因为他没有被过去陈旧的眼光所束缚，不认为岛上的居民没有穿鞋的习惯，就没有鞋的市场，反而从另一个角度看到了商机，认为当地所有的人都是自己的客户。

可见，当你在生活和工作中遇到困难和瓶颈的时候，应该挣脱常规思维的局限，也许从另一个角度看待和分析问题，你的困难就会迎刃而解。

二是不过于依赖过去的经验，故步自封，应该敢于创新

有很多人在接触一种新事物，或是要做自己不熟悉的事情时，常常会担心自己没有相关经验。事实上，经验并不是万能的，很多时候，过去的经验并不能解决当前的问题。

《羊皮卷》中对经验的阐述就向我们传递了这样的道理："经验确实能教给我们很多东西，只是这需要花太多的时间了，等到人们获取智慧的时候，其价值已随时间的消逝而减少。结果往往是这样，经验丰富了，人也余生无多，经验和时间有关，适合某一时代的行为，并不意味着在今天仍然行得通！"

这个时代是快速发展的时代，是日新月异的时代，只有懂得在过去的经验中"创新"，才能突破思维的瓶颈，才不会被时代淘汰。

比如，曾经辉煌了一个多世纪的柯达就因为故步自封、过度依赖过去的经验，而不善于创新，最终落得了申请破产的下场，而它的竞争对手富士因为懂得创新，能够积极适应时代，而找到了企业发展的新方向。

三是不断学习提升自身能力

能力是我们摆脱思维定式的基础。一个人想要打破常规，找到创新的点子，如果没有拓展思维的能力，也是无法实现的。所以，在日常生活和工作中，只有不断地学习进步，提升自身的能力，才有打破常规、突破思维瓶颈的机会。

此外，我们还需要时常自省，改掉自己思维上的惰性。因为很多人习惯性地墨守成规，常常是出于自己的惰性，只有摒弃了惰性，我们才会有打破常规、突破思维瓶颈的决心。

正所谓"思想有多远，我们就能走多远"，一个能摒弃常规看法、打破惯性思维的人，才能突破思维的瓶颈，才能少犯错，才能在人生的道路上走得更稳、更远。

别让"刻板印象"遮挡了你的视线

有这样一则经典的对话：

小海浪问大海浪："许多人都向往去海边冲浪、游玩，听上去好像很神秘的样子，海究竟是什么？"

大海浪："你就是大海里的一员，你生活的周围就是海啊！"

小海浪："在哪里，我怎么没看到？"

大海浪："你生活在海里，海包围着你，你和海是息息相关、不可分割的一体。"

类似的情形在生活中随处可见。我们有时也会和小海浪一样犯糊涂，明明身处大海，却因为他人的言语左右了自己的思想，因为他人的看法遮挡了自己对世界的认知，其实这都是"刻板印象"在作祟。

所谓"刻板印象"，主要是指人们对某个事物或物体形成的一种概括固定的看法，并把这种看法推而广之，认为这个事物或者整体都具有该特征，从而忽视了个体的差异性。

这也是为什么国外留学生在读了中国的四大名著之一《红楼梦》后会百思不得其解地问自己的老师："既然两人相爱，那为什么贾宝玉和林黛玉不携带一些金银珠宝去找个世外桃源隐居呢？"

中国古代和现代文化毕竟是有差异的，而我们和外国人从小所接受的教育理念也不同，所以有些事真不是三言两语就能解释清楚的。我们每个人无一例外地都会受到自己国家、地域、民族、风土人情等方面的影响，所以，在看待问题时视野也会习惯性地打上宗教信仰、风俗习惯的烙印。

比如，现在的"00后都早熟""90后很极端""程序员不修边幅很宅"等，这些都是"刻板印象"对我们形成的思维定式。

但事实真的是这样吗？人与人之间毕竟是不同的，我们不能因为某些片面之词就"一竿子打翻一船人"，（认为所有湖北人都狡猾，河南人都重男轻女，湖南妹子就心狠吧！）仅凭片面之词就笼络地下定义，未免太过于武断。

说来说去，其实都是"刻板印象"的心理定式在影响着我们的判断与认知。或许"刻板印象"最初是有口无心，是因为我们没有足够的时间与精力去深入了解每一个人，因而只能与某一省份的某一部分群体交流、沟通。但随着信息的交换与传递，"刻板印象"带给我们的认知便逐渐根深蒂固，在我们心中留下了难以磨灭的印象。

诚然，"刻板印象"在某些时候有助于我们对周遭的事物进行快速认知与了解，可以避免我们处于认知的迷茫中。但"刻板印象"却不是健全而完善的，或多或少会存在一定的地域歧视与偏见，如果我们不能跳出"刻板印象"所带来的思维怪圈，就有可能因为这些歧视与偏见而伤害到身边的朋友或亲人。

有些人可能对此不以为意，认为这只是一种习惯上的认知，没什么大不了的。其实不然，一个人若长期在这种环境下生活或工作，说话做事就会不自觉地形成一种习惯，并以这种习惯认知来看待身边的人和事，这不仅会造成认知上的错误，还会限制我们的社交范围。

因此，若想对身边的人和事有一个全面而清晰的了解与认识，我们就要摘掉"刻板印象"这副模糊不清的眼镜，不要让它遮挡了我们的视线。

"眼见为实，耳听为虚"，这是浅显易懂的道理，我们更应该让自己保持清醒与理智。在对一个人或一件事物做出判断前，不要偏听偏信，也不要道听途说，应多方面核实，相信自己亲眼所见，这样才能确保事情的准确性。

当然，看待问题的角度不同，心理感受也会完全不同。若我们习惯于用"刻板印象"去看待身边的人和事，思维模式就会受到条条框框的限制，这样是很难突破自我的。只有打破常规束缚，换个角度看问题，我们才能开拓创新大胆走出去，结识更多的人，见识更多不一样的风景。

正如资深媒体人罗振宇所说："要破解地域歧视，其实我们每个人都可以从自身着手。要么把自己的人格扩大到无远弗界，要么把自己的人格收缩得非常独立。如果做不到这两点当中的任何一点，那么我们就会在地域歧视的这锅烂汤当中，煎熬着自己的生命。"

所以，对于"刻板印象"带给我们的错误认知，我们应尽早舍弃，避免因此而做出一些不合理、不公平的判断。做最真实的自己，这才是自我成长的最好方式，千万别让"刻板印象"遮挡了你的视线。

凡事换个角度看，就会别有洞天

人的情感是很丰富的，喜怒哀乐是我们最平常的情绪波动。我们是快乐还是痛苦，都是自己给予的。哪怕历经伤痛，如果我们能换个角度去看，或许就能从悲伤中走出来，发现不一样的风景，收获不一样的心情。如此，不仅能让自己心情愉悦，或许还能拥有一份好运气。

不管是工作还是生活，心情的好坏对于我们来说十分重要。如果没有一个好心情，我们就会觉得哪都不顺，做什么都没有激情，提不起兴趣，这种情况下，我们又如何去提升工作效率，提高生活的品位与质量呢？

然而，现实生活中总有那么一些喜欢斤斤计较的人，认为占他人便宜是天经地义的事，别人占自己便宜就是天理难容，占了便宜就洋洋得意，吃了点亏就愁肠百结。一个人若抱着这种心态去生活，去看待周边的一切，心情自然难以愉悦，他会因占不到便宜而耿耿于怀。

如果说，一个人的快乐是以伤害别人为代价，那这样的人注定会遭到身边人的反感。其实，不管什么事，若看待问题的角度不同，心态也会完全不同。若我们在遇到一些伤心难过的事情，或遭遇一些挫折打击时，能试着换个角度去看待问题，从难过中发现开心，从挫折中寻获契机，那我们的心情就会截然不同。

正如汉代书法家崔瑗的《座右铭》所描写的那样，"无道人之短，无说己之长，施人慎勿念，受施慎勿忘。"为人处世，我们应该随时让自己保持心态上的平和，唯有这样，情绪与心态才不会随意受到外界的影响。更要时刻谨记：快乐是自己的，我们自己就是创造快乐的源泉，但这一切，都取决于我们以怎样的角度去看待和思考问题。

生活中，我们常常百般纠结某一件事，为什么纠结？因为，在我们看来已经做到最好、最极致的事，在他人眼里却差强人意，或者没有任何可取之处。之所以这样，就是因为每个人衡量事物的眼光不同，造就了心态的不同，最终结果便产生了差异化。

心理学家马斯洛曾说："心若改变，你的态度跟着改变；态度改变，你的习惯跟着改变；习惯改变，你的性格跟着改变；性格改变，你的人生跟着改变。"

凡事换个角度，就会别有洞天。要知道，不管现在的自己拥有怎样的生活、怎样的人生，这都是活生生的事实，我们不必苦恼，因为这世上没有所谓的十全十美。

所以，我们不妨换个角度去发现生活中美好的一面，让自己心情美好，这样才能以积极乐观的态度去理性看待问题，开阔视野去发现一个别有洞天的新天地。

一头驴在夜晚跟随主人回家的途中，不小心掉进了一口枯井里。驴主人想尽一切办法去营救驴子，无奈夜黑风高，视线受阻，没有成功。第二天，驴主人又来到枯井旁营救驴，可是枯井太高，第二次营救还是以失败告终。

驴主人不忍心看到驴痛苦，思来想去后决定将驴就地掩埋，以减轻它的痛苦。于是，他叫来村里人帮忙，请大家一起挖土埋驴。

当人们七手八脚将泥土往枯井里填时，深感绝望的驴似乎感受到了死亡的气息，它不断发出哀号，试图做临死前的最后挣扎。就在人们埋头继续填土的过程中，这只驴突然不再哀号了。

驴主人以为驴死了，便探出头朝枯井看，结果令他万分惊讶：驴并没有死，而是好端端地站在枯井中，当人们将泥土撒向枯井时，驴便用尽全力将身上的泥土抖落在脚下，然后再借着脚下的泥土一步一步往上升。最终，这头驴随着井里泥土的增多，而慢慢走出了井口。

人生的旅途中，有时我们难免会遭遇困惑和迷茫，会不自觉地将自己陷入一种进退两难的境地，此时，我们又该如何做呢？是坐以待毙什么都不做，还是利用身边可以利用的条件进行绝地反击，寻找绝处逢生的机会？

不管我们遭遇的是哪种极端或恶劣的情况，只要我们能换个角度看问题，总会找到一条新的出路，就像那头掉落在枯井中的驴一样，利用掩埋自己的泥土安然脱险，重新翻转了自己的命运。

如果我们每个人都能有效运用这一点，以一种全新的视角去看待那些令我们迷茫与困惑的事，就会从中发现更好的出路，从而收获不一样的美妙风景。

办法总比事情多，方法总比困难多

俗话说"世上无难事，只怕有心人"，任何事情只要我们肯积极开动脑筋，再大的难题都能迎刃而解。就像有句话说的那样"办法总比事情多，方法总比困难多"，只要我们抱着这样的信念，便可以不惧艰险，勇于思考，努力寻找到解决问题的最佳方法。

一个人不管何时何地，面临的是哪种疑难杂症，若随时都能抱着"办法总比事情多，方法总比困难多"的信念，这世间还有什么事情是不能解决的呢？

不信的话，先来看看下面这个故事，看完后或许就能从中受到启发。

魏勋是某公司的董事长，自他的公司创办以来，经济效益一直呈现稳步增长的趋势。但今年，受到整个市场大环境的影响，公司的利润却频频下滑。看着公司不景气，魏勋知道这事不能怪罪到员工身上，因为他们并没有丝毫懈怠，对待工作反而比往年更认真、更卖力。

看着那些任劳任怨的员工，作为董事长，魏勋的心里很不是滋味。眼看着马上到年底了，按照往年的惯例，年终奖至少也要发平时3个月的工资，如果效益好发5个月也是有可能的。可按照今年这种情况来看，能多发一个月的工资做奖金就已经是公司最大的诚意了。

"这要是让那些老员工知道今年的年终奖金是这样的，恐怕要影响员工工作的积极性了。我估计有些员工早早就把春节假期的计划给安排好了，就等着这笔奖金来解燃眉之急呢！"魏勋忧心忡忡地对总经理说着这事。

听着董事长的担忧，总经理也犯难了："现在这种情况就好像每次给孩子发糖吃，之前每次都是发一盒，可现在突然只发几颗，当孩子们得知这个结果后一定会大吵大闹的。"

"对呀，我怎么没想到呢！"魏勋灵光一闪，说，"这就好比我们每次在外面买东西时，一般情况下，店员总是会往秤上多放一些，然后再一点一点往外拿；但有的店员却恰恰相反，他们会先抓一点点放秤上，不够重量的话再一点一点往上加。虽然最终的重量都是相同的，但我就是喜欢后者，因为后者给人的感觉会有一种满足感。"

想到这里，魏勋一脸胸有成竹的样子，心里似乎已经有了主意。

几天后，公司突然传出了裁员的谣言——"公司因经营不善导致效益下滑，年底可能会裁员。具体方案，公司领导正在讨论中。"听到这个风声，公司所有员工人心惶惶，每个人都害怕自己被裁掉。

那些业绩平平的员工心想："像我这样没有为公司做出特殊贡献的，肯定是躲不掉了。"一些中层领导则想："经营不善，董事长肯定会先从我这儿'开刀'，会认为我拿着丰厚的薪水却没有为公司带来等额的回报！"

就在大家胡思乱想时，一个星期后，总经理召集公司全体员工开会，并宣布："公司虽然效益不好，但也在积极想办法克服困难，大家都是一起患过难的人，所以公司是不会裁员的，只是年终奖可能没有了。"

听说公司不会裁员，大家心中那块七上八下的石头终于落下了，终于不用面临失业的痛苦了。随着新年的临近，所有员工都做好了今年没有年终奖的准备，也取消了之前预订的一些旅游计划。

突然有一天，员工们看到各部门领导行色匆匆地跑去董事长办公室，大家心里又开始忐忑不安了："难道又要裁员了"？

不一会儿，各部门主管从办公室出来后都直奔各部门，欢呼雀跃地叫喊着："有啦！有啦！今年的年终奖有着落了，发一个月工资，这下大家可以安安心心过个好年了！"

员工们听到这个意消息，都欢呼雀跃起来，整个公司都爆发出雷鸣般的掌声。

"办法总比事情多，方法总比困难多。"面对困难，我们只要肯积极开动脑筋另寻出路，再大的难题也能轻松化解。

就像案例中的魏勋一样，如果他没能积极寻找出解决问题的办法，而是坦然说出年底只能发一个月奖金的事实，就会降低员工士气，导致人心不稳，这样显然是不利于公司发展的。好在他转换思路、打破常规，以一种巧妙的方法来解决了这一问题，不仅安抚了人心，又为公司赢得了一个好口碑。这一举动，可谓是明智之举。

遇到困难时，每个人的心情都会感到郁闷和痛苦，但不可否认的是，苦难是对一个人成长最好的激励与鞭策，它对我们未来发展起着重要的作用。一个人只有敢于面对困难，拥有了解决困难的决心与勇气，才能反败为胜将困难转变为成功路上的垫脚石，为自己创造更多的机会，从而发挥出自己最大的价值。

众所周知，阿基米德是一位著名的数学家和物理学家，很多难题他都能轻松应对，但他却曾经遇到过一件特别棘手的难题。

在当时，叙拉古国王海厄罗王为了感谢上苍神灵对自己国家的恩泽，决定花重金打造一顶纯美的金冠，并配以富贵华丽的神龛来包装，以此作为祭祀的贡品。当金匠如期完成这项任务后，海厄罗王却听到风声说"金匠为了一己私利，用同等重量的银子来充数，妄想蒙混过关"。

可是金冠已经做好，从外形和重量上根本辨别不了真假，这可如何是好。最终，这个难题被海厄罗王交给了阿基米德，可阿基米德运用常规办法冥思苦想了好久，一时间也无法理出头绪。虽然，一时半会儿没有想出合适的办法，但阿基米德并没有因此放弃，也没有满腹牢骚，而是不停地尝试用各种新方法来解决这一难题。

他去澡堂洗澡，由于聚精会神地想问题，所以他没有注意到旁边的台阶，结果一不小心摔倒在澡池里，巨大的压力使得澡池里水花四溅。阿基米德坐在澡池里，看着溢出去的水，一下子便想到了一个好主意。

最终，阿基米德利用水的浮力辨别出了金冠的真假，并从中发现了浮力定律。

正如俗话所说："人生，前方是绝路，希望在转角。"当我们对一件事情百思不得其解时，不妨试着打破常规，用反视角的原理去考虑问题，用另类的方式去解决问题。在面对困难的时候，一定要给予自己信心，不要一遇到困难就知难而退，勇敢面对、积极寻找出路才是明智之举，也只有这样我们才愈挫越愈，让成功离自己越来越近。

"没有翻不过去的火焰山，没有趟不过的流沙河。"当我们碰到困难时，一定不要为自己的不思进取找借口开脱。要知道，困难其实并没有想象中可怕，只要我们能以一种积极乐观的心态去面对问题，用一种必胜的信念去坚持，总能寻找到解决的办法。

当我们能把人生的难题一个一个解决时，不仅能够提升自己的成就感与愉悦感，还能让自己离成功的终点越来越近。前行的道路上，只要怀着这一信念，再大的困难、挫折我们都能轻松化解、一一应对。

走出条条框框的局限，收获未来的美好局面

不管是窗框还是相框，都是人们为了美观性而镶上去的，可镶上去容易拿下来就难了。其实，也并不是说完全拿不下来，只是不能完好无损地拿下来而已，如果采取暴力的话，势必会让那个框变形、扭曲、破损。

不是有句话说"旧的不去新的不来"吗？适时舍弃陈旧的相框，才能让照片拥有一个美观的框，不是吗？可这么通俗易懂的道理，一些人却常常为此纠结，好长时间都下不了决心。

之所以这样，就在于人们内心不敢突破旧有条条框框的束缚，因而不能勇敢地跨出那一步。反观我们的人生，不也是如此吗？一个人若长期在一种拘束下生活，思维上、视野上、行动上就会受到各种各样的限制，不管做什么都会束手束脚，个人的能力得不到最大程度的发挥。

站得高才能看得远，悟得深才能看得透。要想让自己的人生有所成就，我们就要积极寻找一个合适的突破口，摆脱那些束服个人能力发挥的条条框框对自己的局限。

生而为人，每个人都是一只嘴巴、一个鼻子、两只眼睛，从身体特征上来说人与人之间并没有明显的区别。但为什么有的人就能获得成功，有的人却遭遇失败呢？最根本的区别就在于成功者对任何事情都能多一份认知、多一份研究，他们能打破固有模式并敢于突破自我，因而才能收获一个别样的未来。

人生其实并没有那么深奥难测，凡事只要想开了、看淡了，一

切也就豁然开朗。要知道，这世间的对与错、荣与辱并不是一成不变的，我们若想让自己的人生变得丰富多彩，就要突破条条框框带来的局限，并不断突破自己，这样才能得到想要的一切。

人活于世，一定要有自己崇高的理想与追求，并有为了实现这一切而努力奋斗的决心。虽然决心让人看不见、摸不着，但它却是我们每个人精神世界力量的源泉。

哪怕我们只是一个普通人，只要有了决心我们就可以积蓄力量、激发潜能，为自己的人生创造无数可能。虽然，我们做不到让自己成为众人景仰的对象，但却可以让自己活得有尊严、有底气；虽然我们做不到让自己变成全能，但我们能够塑造自己努力打拼的样子。

当冲破条条框框对我们的束服，前方的道路就会变得平坦宽阔，眼中看到的世界就会格外美好。当我们能清楚地知道自己的需求时，知道如何为了理想勇敢奋斗时，这便是一个美好的开端，它代表着我们已经从心里开始接受突破了。

有时候，人们之所以受到条条框框的局限，就是被曾经的成就经验与世俗的规矩所牵绊，导致看不到外界的新鲜事物，并因此失去昂扬的斗志与前进的动力。下面这个案例中的小男孩就是如此。

央视在某档节目中曾做过一个关于陕北地区的新闻报道。记者采访了一个当地放羊的小孩："你为什么不去上学，而选择放羊呢？"

孩子回答："上学要花钱，而放羊可以挣钱。"

记者问："那你挣钱以后要做什么呢？"

"挣钱后就可以娶媳妇。"

"娶媳妇后又做什么呢？"

"娶了媳妇生孩子。"

"那生的孩子长大后又做什么呢？"

"长大后放羊。"

看到这个陕北小男孩的回答，很多人可能会忍不住地笑出声。但其实，小男孩的思维方式就是时下许多人的思维方式，他们被一些条条框框束缚了自己的想法，看不到外面的精彩世界，导致整个人生就这样陷入了一种恶性循环中。最终，让自己的人生变的平庸。

生活充满了无数种可能，我们也会遇到各种各样意想不到的困难。当困难出现时，我们一定不能让自己的视野受到局限，要勇于突破之前的习惯，以一种全新的视角去看待问题，让自己走出条条框框的限制。

曾获得世界诺贝尔生理学或医学奖的沃森和克里克，他们两人都不是分子生理学家，沃森学的是生物学，克里克学的是物理学，但他们并没有局限在自己所学的专业上，而是突破专业对自己的限制，转而投入了对核酸的研究中，开垦了分子生物学这片新领域，并取得了卓越的成效。

由此可见，人只有主动走出去，打破陈旧的老观念和行为习惯，才能以一种全新的势态去拓宽眼界、改变创新，让自己更好地适应这个日新月异的社会，做出一番成就。

世界报业大亨默多克曾说："每当我成功攀越一个顶峰时，我都会反复提醒自己要勇敢再向前迈一步，不能原地踏步、故步自封。"

一个人的眼界决定了他的境界，格局决定了他的结局。打个比方，如果我们将自己的人生定位于普通销售，那很可能我们这辈子就是一个普通的销售人员；相反，若我们将自己的人生定位于顶尖销售，那我们就会为了成为顶尖销售而不断尝试和突破自己，直到实现自己的目标。

要想让自己得到进步，获得成功，我们就要勇敢大胆地走出去，只有走出了条条框框的局限，我们才能收获未来的美好局面。

灵活多变地看问题，才能更好地解决问题

不知道大家有没有看过这样一个笑话：

早年间，美国宇航局为了解决圆珠笔在外太空就不能使用的问题，招募了许多技术精湛的专家来解决这一难题，可再优秀的专家面对这个难题也束手无策。

很快，一年过去了，该难题还是没有得到解决，宇航局为了尽早解决这个疑难杂症，便开始向社会大众寻求"良方"。很快，一个年轻的小伙子提供了自己的"良方"———支铅笔！用铅笔代替圆珠笔，这样任何情况下使用都不会受到阻碍了。

这个笑话向我们传达了什么样的中心思想呢？很简单，这个笑话向我们阐述了一个道理：转变思路，换个角度去考虑问题，再复杂的问题也能迎刃而解。

话不多说，先来看一个案例，看看我们能从中悟出怎样的道理。

A市有一家牙膏公司，过硬的产品质量与精美的包装，再加上亲民的价格，使得它在全国各地的销量不断上涨，这个牙膏公司根本不用为销路发愁。

不过这一光辉战绩都是过去式了，近一年，牙膏公司的销售状况不太理想，有时甚至呈现下滑态势。为了改善这一状况，公司做出了许多整改措施但都不太理想。这天，公司总经理又召集各部门负责人开会，希望能集思广益找到提升销量的最佳办法。

就在大家踊跃讨论的过程中，一位新进公司的主管突然站起来说："我有个好主意"。

总经理听到这话，顿时来了精神，问这位主管："什么主意，说来听听"。

这位主管说："很简单，将原有的牙膏管口直径扩大1毫米，这样销量自然就能得到提升。"

"对呀，这么简单的方法，怎么就没有想到呢？"听到这个建议，总经理特别高兴，马上下令生产车间更换包装。

为什么要扩大牙膏管口的直径？很简单，扩大直径，消费者每天在使用时就会不自觉地多挤一点出来。全国消费者那么多，综合起来就是一笔不小的数目，长此以往，销量自然能得到稳步提升。

同样的问题为什么在之前历经多次商讨都没有得到解决呢？其实，这都是因为那些部门负责人无一例外都是从扩大经营范围、增加产品推广渠道等方面来考虑的，但这些都不是解决问题的根本，只有那位新进主管的建议才是最切实可行的，既可以留住老顾客，又能增加销量，可谓一举两得。

不得不说，灵活多变的头脑对获得成功的影响是极大的。它可以帮助人们转换思考的方式，从而以一种全新的眼光去看问题，见人所未见、想人所未想，从而绝处逢生，创造奇迹与辉煌。

在某个工地上，曾经刮起了一股帐篷潮。许多在建筑工地上干活的工人，因为住宿的地方没有空调，便在晚上的时候在工地附近的广场上纳凉歇息。住在附近的村民周超，见附近工地的人多，此时又正值夏天，他便批发了一批帐篷到附近几个工地卖。

不曾想，周超的帐篷生意并不好做，导致过去了很长一段时间，他一顶帐篷都没有卖出去，为此，他十分苦恼。但周超并没有轻言放弃，他一边向前来广场纳凉露营的工人们推销帐篷，一边积极思考应对的方法。

某天，当他又一次在广场上向工地上的工人们推销帐篷时，一位工人无意间向他说起此时正值夏秋交替的季节，很多人都在夏季来临前买好了帐篷，况且帐篷也不容易坏，所以他们对帐篷已经没有需求量了。但随着天气渐渐转凉，他们需要一种既方便干活又结实保暖的鞋子，重要的是价格还不能太贵，因为再贵的鞋子在工地上也容易坏。

听到这个需求，周超顿时明白了：原来如此，怪不得自己的帐篷无人问津，看来是我当初判断有误，既然他们现在对鞋子有所需求，那我何不从这方面入手，进一批物美价廉且保暖的鞋子来卖呢？

什么样的鞋子才能符合工人们的需求呢？思来想去，周超觉得只有那种"军用大头皮靴"才是最实用的。想到这，周超赶紧联系身边做鞋的朋友，询问哪里有这种鞋子卖。几经周折，朋友帮他联系到了一个生产厂商，并告诉他如果量多，价格可以从优。

抱着试一试的心态，周超第一次拿了50双鞋子到工地上，没想到工人们试穿了之后都很满意，50双根本不够卖，还有许多工人也嚷嚷着要买。看到销量还不错，周超第二次便拿了几百双的货，这次依旧卖光了。

工人们觉得周超卖的鞋子物美价廉，便向周围的工友们推销，这样一传十、十传百，越来越多的人都来找周超买这种鞋子，而周超的生意也越来越好，短短几个月，便赚得盆满钵溢。

灵活多变地看问题，才能有更好的解决方法。这个世界上，没有人能一直成功，也没有人能一直遭遇失败。当我们在前行的道路上，遭遇了失败时，不妨开动脑筋，换个角度去看待问题，并在看清失败的原因后，及时调整策略，从失败中总结经验与教训，这样才能离成功越来越近，才能达到令自己满意的效果。

　　失败了不要怕，也不要轻易认输，更不要因此自暴自弃。我们要做的就是保持冷静，然后转换思路、变换角度去思考问题，寻找最有效的对策。并且，相信自己，一定可以打破思维的"瓶颈"，让自己离成功近一些、更近一些。

再好的经验，也要依据形势而变

生活中发生的一些事情，若追本溯源都可以从中寻找出一些成功人士的经验，这些经验是他们的真实经历，我们深信不疑，运用这些经验来帮助自己解决问题。

借鉴经验没错，某些时候可以让我们做起事情事半功倍。但若对经验进行全面透彻的分析，就会从中发现那些过往的经验也会存在一些弊端，它会局限我们的思维与视野，从而将我们带入误区而不自知，使得我们整个人的行为和思想变得僵化。

俗话说"山不转水转，水不转云转"。地球上的所有事物都在不断发生着变化，若我们不懂得与时俱进、顺应潮流，反而故步自封，沿用以前的经验来解决现在所面临的问题，那我们就会被自己的思想所禁锢，最终导致问题无法得到有效解决。

虽然，身边的那些长辈们都在不断地向我们传授 "不听老人言，吃亏在眼前。"这样的大道理，那我们就不妨多借鉴老一辈的一些成功经验，这样才能避免走弯路，才能让自己在人生的道路上走得一帆风顺。

诚然，有些老一辈的经验确实可以给予我们帮助。但值得注意的是，我们在借鉴他人经验或向他人求助时，一定不要生搬硬套，应结合自身情况和经验加以糅合，然后再进行独立的思考与有效的判断，从而让自己寻找出解决问题的最好办法。

一定要记住，他人的成功经验可以借鉴、可以参考，却不能照搬，在处理任何事情时，我们都不能被他人的经验所禁锢。我们必须明白，这个世界每天都在发生着日新月异的变化，我们的思想与行为、眼光与格局也要紧跟时代的步伐，才能不断推陈出新，让自己更好地融入这个社会。

正所谓"逆水行舟，不进则退"。在这个社会竞争激烈的严峻形势下，如果我们总是墨守成规，被过去的经验牵绊、束缚，那我们将很难突破人生的"瓶颈"，最终被后浪拍倒在沙滩上。

这样，我们又如何去实现自己的理想与抱负呢？又如何让自己得到进步呢？

有一个人去山上放羊，在等待羊吃草的过程中他靠在树上竟不知不觉睡着了，等到醒来时发现自己头上戴的草帽不见了，正疑惑自己的草帽去哪儿时，树林里突然传来了猴子叽叽吱吱的叫声，顺着声音往树上一看，这个人发现树上的一只猴子手里正拿着自己的草帽在把玩。他想拿回自己的帽子，可这些顽皮的猴子压根不理睬他，任凭他在树下如何大声嚷嚷，猴子就是不交还帽子。

自己不可能爬树去追猴子，猴子又不愿乖乖交还帽子，难道要白白损失这顶帽子吗？这样肯定不行。思来想去，这个人想到了一个好主意，他决定自己给猴子做示范，于是他摘下头上的帽子，故意摔在了地上。没一会儿，树上的猴子见放羊人丢帽子，它们也都跟着效仿起来，纷纷把自己手里的帽子丢在了地上。

见树上的猴子把帽子都丢完了，这个人满心欢喜地捡起地上的帽子，并整理好后戴在了头上。接着，他冲着树上不明所以的猴子得意地挥了挥手就走了。

回家之后这个人添油加醋地把这件事情告诉了自己家里人，他的儿子听得认真，心想爸爸真是厉害。

后来的一天，这个人的儿子去放羊时也遇到同样的问题，被猴子偷走了草帽。为了让猴子归还草帽，他也做了很多努力，无奈，那群顽皮的猴子也是同样不理睬他。

突然，他灵光一闪想到了父亲的"丰功伟绩"，于是他便学起了父亲当时的样子，抓起另一样随身携带的物品丢了出去，希望猴子也有样学样。结果，他等了很久，都没有等到树上的猴子把帽子丢下来，更可气的是，自己丢出去的另一件物品也被猴子抢去了。

他百思不得其解，为什么自己借鉴父亲的成功经验却没有得到一样的结果呢？难道是自己丢草帽的方式不对吗？其实，并不是他丢帽子的方式不对，而是这群猴子恰恰就是上他父亲当的猴子，所谓"吃一堑，长一智"，所以这群猴子自然不会轻易上当了。

虽然，放羊人的儿子懂得借鉴经验，但他却没有用发展的眼光来看待这群猴子，也忽略了猴子已经从失败中汲取了经验与教训，对于他"依葫芦画瓢"的行为，已经见怪不怪了。所以，当他把帽子丢出去的那一刻，聪明的猴子便一眼看穿了他葫芦里卖的什么药，因而就不会上当。

再好的经验，也要依据形势而变化。在生活中，不管遇到怎样的难题与困惑，都别忽略了世间万物的发展规律。时代在变，我们的理念与思维也要紧跟形势的发展，要懂得与时俱进。唯有如此，我们才能以全新的视野、全新的思路、全新的方式去看待问题、思考问题、解决问题，才能让自己华丽转身，成就一个非凡的自己！

不要让"可是"，成为你推卸责任的挡箭牌

"我本来是打算做的，可是……"

"虽然，这件事情我有着不可推卸的责任，可是……"

"我以为是这样的，可是……"

这样的场景，想必每个人都有碰到过吧。当我们没有按时完成工作，没有如约履行对朋友的约定时，是否也经常把"可是"拿来当作自己的挡箭牌呢？

"可是"越来越多地出现在了我们生活中，成为我们推卸责任的借口。有了这种借口，我们遇事不再积极思考寻找办法，而是千方百计为自己的失败与懒惰找理由。最终，在"可是"的遮掩下，我们将自己的生活陷入了一种无休无止的恶性循环中，将自己的未来陷入了一片迷茫与恐慌中。

这样的心态，对自己未来的发展是十分不利的。一个人若长期依赖"可是"，把"可是"当作自己推卸责任的借口，就会逐渐失去雄心壮志，进而在失败的道路上越走越远。

想要改善这种状况，我们就要严词拒绝"可是"这个挡箭牌，在遇到事情时找准问题的症结所在，勇敢踏步跨出这种恶性循环，这样才能更好地发挥自己的潜力与才能，创造出人生的辉煌与奇迹。

在某地，一位非常有名的成功学大师正在讲课，课题的内容是教学员们如何提高自己的记忆力。课堂上，学员们都听得聚精会神。

就在快要下课时，坐在最后一排的一位女学员却突然打断了这位成功学大师的讲课，站起来说："老师，这堂提高记忆力的课程对我

来说一点用处都没有，要想改善我的记忆力是一件非常困难的事。"

成功学老师有些疑惑地问："为什么说是一件非常困难的事呢？相信自己，一定可以的。"

这位女学员接着说："可是这不是相不相信自己的问题，而是遗传问题。在记忆力这个问题上，我们整个家族都是这样，而且遗传病是代代相传的，怎么可能到了我这儿就突然得到改变了呢？"

听到学员这样说，成功学老师明白事情的问题出在哪里了，他接着说："在我看来，这个问题压根就不是遗传的问题，而是你为自己的行为找的借口。你觉得把责任推给家人，要比你用心去提高记忆力这事简单得多。但我希望你从今以后不要再拿'可是'做你的挡箭牌，你要做的就是从现在开始忘记'可是'，去努力证明给我看"。

下课后，这位老师专门就女学员的问题，耐心细致地对她做了一些提高记忆力的辅导，坚持了一段时间后，这位女学员的记忆力果然提升了不少。受到鼓舞的女学员，此后遇到任何事情都不再为自己找借口了，而是先从自身寻找原因，待找到原因后再有针对性地去改正错误、提升自己。

"可是"这个词说出来容易，可它所表达的意思却并不简单，"可是"不仅是一种推卸责任的表现，更是一种自卑懦弱的表现。既然"可是"带来的弊端这么明显，那我们要如何做才能规避这种心理呢？

想要从头到尾远离"可是"带给我们的困扰，我们不仅要从言语上戒掉"可是"二字，更要从心底里戒掉"可是"。唯有将"可是"从我们的思想中彻底消除，我们才能拥有直面生活的勇气，才能找回丢失的自信与坚强。

哪怕我们无法与老天抗衡，改变不了每天的天气，也不要再将"可是"挂在嘴边，因为我们可以改变自己的装扮；哪怕我们改变不了风力的大小，也不要再将"可是"挂在嘴边，因为我们可以改变自己行走的方向；哪怕我们改变不了别人的看法，也不要再将"可是"挂在嘴边，因为我们可以改变自己的想法与决定。

不要再让"可是"，成为你推卸责任的挡箭牌。只要我们能规避生活中的"可是"，并调整自己的心态与信念，用一颗乐观积极的心态去应对生活，我们就能变得坚强、勇敢起来，并逐步成长为一个有责任、有担当的人。

当我们勇敢丢弃掉"可是"这个借口时，哪怕前有狼后有虎，我们也能杀出一条血路，更大程度激发能自身潜能，从而离自己的目标更近一步。

仔细观察身边那些成功人士，我们就会发现他们每个人身上都有着一个共同点——任何时候都不为自己的懒惰找借口。相反，他们只要认准了目标，哪怕前方艰难险阻坎坷难行，他们也会勇往直前，直到取得胜利为止。

那些时常把"可是"挂在嘴边的人，自以为"可是"能为自己挽回一些尊严与面子，结果却在不断的"可是"下，将自己的未来陷入了迷茫之中。

过多的借口只会让一个人丧失自我、丧失生活的信心，我们只有拒绝为自己找借口，拒绝拿"可是"做挡箭牌，才能让自己得到更好的成长。

人生不设限，你才能成为那个理想中的你

有一位科学家曾做过这样一个有趣的实验：

他用一个细长的玻璃杯装了一只活蹦乱跳的跳蚤，当跳蚤进入玻璃杯后，轻松一跃马上就能跳出来，反复试验了几次，跳蚤还是一样轻轻松松就能跳出玻璃杯。

科学家又重新换了一个高一些的玻璃杯，结果跳蚤还是一样可以跳出来，且它跳出的高度与它的身体竟然足足相差了400倍左右。用这个成绩去参加动物界的跳高比赛，估计跳蚤最少也能斩获个前三名，收获一枚奖牌吧。

接下来，科学家再次把跳蚤放回了玻璃杯，并给它加了一个盖子，这次跳蚤依然重复着之前的干劲，不停地上蹿下跳，妄想能马上跳出这个狭小的空间。可事与愿违，不管这次铆足了多大的劲儿，它都只能跳到杯盖的高度。

经历了数次的失败后，跳蚤也变得"聪明"了，它不再盲目地跳了，而是根据杯盖位置做出了调整，让自己跳跃的高度定位在了杯盖以下。过了一会儿，当科学家拿走瓶盖之后，跳蚤已经跳不出去了，即便科学家在一旁用力地拍打桌子，跳蚤也只能跳到杯盖以下的高度。

难道是这只跳蚤丧失了战斗力，没有力气跳出玻璃杯了吗？并不是，而是跳蚤在一次次的失败中形成了错误的经验，变得墨守常规了，因为它觉得自己是无法跳出玻璃杯的。即使是成功的机会就摆在它面前，它也不愿再轻易尝试了。

看到这只可怜的跳蚤，可能很多人都会为它的轻言放弃而感到不值。其实，仔细观察您就会发现，我们身边也有很多这样的人，因为遇到一点挫折与困难就自我设限，放弃成功的机会。

一个人如果连这么一点小小的阻碍就不敢尝试就轻易选择放弃的话，那么在以后的生活中又将如何挺起脊梁去承担生活的重担，直面人生的风雨呢？要知道，每个人的身上都隐藏着无数的超能力，如果我们能将自己的能力发挥到极致，并加以有效利用，就可以将不可能变为可能，创造出更多的奇迹与辉煌。

不给自己设限，这件事情说起来容易做起来难，很多人在开始做之前就喜欢否定自己、质疑自己的能力，自己给自己设限，认为自己不可能创造出奇迹，不可能完成挑战，因而用逃避或放弃的态度来消极地对待这一切。

生活不可能一帆风顺，难免会遭遇许多艰难险阻，但我们也不能因此而自我设限，放弃人生的追求，更不能被暂时的困难阻碍了前进的脚步，因为一时的挫折就变得胆小和懦弱。要知道人生充满了无限可能，我们只要改变自己的想法，提升自己的勇气与自信，拒绝习惯性思维给自己带来的自我设限，就能变得坚强勇敢。

只有人生不设限，我们才能成长得更优秀。否则，故步自封就会让我们在层层枷锁的重压下，失去前进的动力与勇气，就好像下面故事中的这只老虎一样。

某市，一家正在举办巡回表演的马戏团，吸引了成千上万的观众前去观看。在众多的节目中，一只老虎的表演给人留下了深刻的印象，当表演结束后，有个孩子便趁着散场的空隙偷跑到马戏团的后台，想去看看那只老虎。

结果，到了后台他竟然发现凶猛的老虎被一根食指粗细的绳子绑在一根铁桩上，而一旁的铁笼子大门却敞开着。他非常好奇地询问一旁的驯兽师："铁笼子打开了，难道不怕老虎跑出去吗？还有，这么细的绳子能制服凶猛的老虎吗？"

听到孩子的提问，驯兽师笑了笑说："当它还是一只小老虎时，我们便一直用大铁链锁着它，防止它逃跑，只要它想逃跑就会经历钻心的疼痛。久而久之，它便放弃了，哪怕现在我们将铁链换成绳子，它也失去了逃跑的欲望，认为自己不可能成功逃走。"

生活中，也有很多这样的人，他们本来意气风发，信心满满地朝着心中的理想前行，可屡战屡败后，他们便逐渐丧失了信心，开始抱怨自己不该好高骛远，进而又怀疑自己的能力，并一再妥协，不断降低自己的标准与要求。即便有一天，他的能力得到了提升与进步，他也没有足够的勇气去尝试、挑战新的起点与高度了。

因为人的内心总是习惯于一帆风顺的平坦大道，喜欢自己能够轻松掌控的事，但实际上，每个人的能力都是一步一步被逼迫出来的，一个人做起事情来若总是半途而废、望而却步，那这个人将永远得不到进步，享受不到胜利的喜悦。

要知道有志者才能事竟成，一个人只有坚定地朝着自己的目标努力前行，才能排除万难，取得成功。

所以，千万不要随便给自己的人生设限，更不要因此而束缚了自己的发展，我们只有主动出击才能创造出更多的机会，用自己的能力去改变自己的命运与生活，活成自己内心最希望的样子。

生活给予了我们严峻的磨难与考验，但只有"吃得苦中苦，方为人上人"，我们承受的痛苦与失败越多，随之而来的欣喜与收获就会越大，人生才能更加耀眼夺目。

一个努力上进的人，不管何时何地，也不管经历了多少次的失败与磨难，都不会轻言放弃，他们反而会越挫越勇，用一份淡定从容的心态去面对这一切，在失败中汲取经验，在困境中燃起希望，一次又一次不断的尝试，直到收获最满意的效果。

　　人生是一个不断挑战自我的过程，很多人总是害怕承受失败的痛苦而却步不前，殊不知人生充满了无限的可能，任何不可能的事经过千辛万苦的付出与努力都有可能获得成功。

　　成功的前提是我们要摒弃自我设限的错误思想观念，这样才能奋不顾身、心无旁骛地去追求自己的理想。也只有意志坚定、斗志昂扬，我们才能克服内心的胆怯与恐惧，才能战胜自己、超越自己，创造出人生的辉煌与奇迹！

第四章

DISIZHANG

往深处看：你规划自己的方式，决定你10年后的样子

人人都有梦想，可梦想的实现却不是一蹴而就的，它离不开一个合理而健全的规划。正确规划的制订，能够帮助你精准的给自己进行定位，实现宏伟的人生蓝图。

你看待世界的目光，决定你所处世界的模样

　　你看待世界的目光，决定你所处世界的模样。也就是说，一个人以哪种心态去看待世界，世界就会给他呈现出什么样子的景象。

　　心中有爱，眼里看到的世界就是一片祥和，处处皆温暖；心中有恨，眼里看到的世界就丑陋不堪。心态不同，眼里的世界也截然不同。

　　不要害怕失去，也不要经常惦记自己未曾拥有的，毕竟"强扭的瓜不甜"，人生有舍才有得。只有看淡了得失，才能以一颗平常心去笑对生活的酸甜苦辣，去品尝人生百态。

　　人生如戏，戏如人生。生活在这个变幻莫测的时代，我们每个人都在演绎着自己的生活剧，在这部剧里没有悲剧与喜剧之分，一切都取决于我们的心态和目光。如果我们能从悲剧中勇敢走出来，那就是喜剧；如果一直沉浸在喜剧中无法自拔，也会演变成悲剧。悲与喜，往往就在我们的一念之间。

　　说到这里，我想起了一个故事：

　　一位年轻人，总是心浮气躁，不管做什么事情都静不下心来。一天，他去拜访禅师并问禅师："难道这一切都是命中注定的吗？您说，这世上真有命运吗？"

　　禅师说："有的。"

　　接着，禅师让年轻人伸出左手，指着手掌上的几条纹路说："仔细看清楚，这三条线分别代表着你的事业线、爱情线和生命线。"禅师又让年轻人把左手紧紧握成拳头状并问："现在你的事业线、爱情

线和生命线，在哪里？"

年轻人说："在我手里。"

禅师说："对，你的命运就牢牢地握在自己手中，你现在要做的就是静下心来，让自己心态平和、情绪稳定。"

听了禅师的话，年轻人恍然大悟，连忙拜谢了禅师下山而去。

这话说得没毛病，每个人的命运都是牢牢掌握在自己的手中。自己不奋斗不努力，却埋怨命运对自己不公，是不是太过强词夺理？在前进的路途中，当我们感到迷茫困惑时，不妨静下心来认真想想，反思自己的生活方式，是否因为某些方面的不如意而导致生活留有遗憾？

日本著名思想家、管理大师安岗正笃曾说："心态变则意识变，意识变则行为变，行为变则性格变，性格变则命运变。"浅显易懂的道理，意在告诉我们，一个人的心态决定着一个人的命运。

不管何时何地，我们都要让自己保持心态上的平和，做到少动怒、少生气。因为生气真的没有必要，与其生气倒不如努力争气。正如汪国真所说："悲观的人，先被自己打败，然后才被生活打败；乐观的人，先战胜自己，然后才战胜生活。"

有时候，真不是命运对我们不公，也不是生活对我们太过苛刻，而是心态的问题，心态的好坏直接决定了我们生活状况的好坏。

人的一生既有平坦大道，也有羊肠小道；既有一帆风顺的顺境，也有坎坷崎岖的逆境，但不管我们遇到的是哪种境况，都要以一颗平常心对待。不为一帆风顺的平坦大道而骄傲，也不为坎坷崎岖的羊肠小道而懊恼，因为风水轮流转，生活不可能将我们永远踩在谷底。

如果我们不能认识到这一点，总是的怨声载道，那我们的人生注定要低人一等；如果我们不能坦然面对，学会释怀，那之后的每一天我们都将在生气中度过。因此，平常心对我们显得尤为重要，也只有保持一颗平常心，我们才能"不以物喜，不以己悲"，笑对生活的每一天。

"命里有时终须有，命里无时莫强求。"这话谁都会说，可真正能够做到的人却少之又少，归根结底，都是心态的问题。有些事，与其苦苦挽留不如潇洒放手，学会适时放弃或许能收获别样的风景，因为适时放弃，会让我们从一种纠结迷茫的状态中走出来，会更加清醒认识到自己的需求与能力，从而放松心情、调整情绪，做一个快乐的人。

我们时常羡慕他人光鲜亮丽的生活，羡慕他人的幸福，但其实生活是自己的，你怎知他人幸福生活的背后就没有伤心失落呢？整天羡慕他人，总是哀怨自己人生不幸的人，到最后，不仅会将自己的生活经营得一塌糊涂，还会给自己增添无数的烦恼。

既然愁也一天，笑也一天，我们为什么不将自己的生活过的精彩呢？学会给心灵松绑，让忙碌紧张的情绪得到释放，努力给自己营造温馨舒适的生活氛围，让接下来的每一天都元气满满、幸福快乐。

我们不必羡慕他人的幸福，也不必拿自己与他人的人生做比较，这样真的没有必要。与其这样，倒不如尽自己的能力去做好每一件事。

人生不如意之事，十之八九。一生中，我们会遇到不同的人，经历不同的事，面对这个复杂多变的社会，若要喜怒不形于色，不轻易受到外界的影响，我们就要学会控制自己的心态。唯有心态积极健康，我们看待世界的目光才会更公平、更理性，才能对自己的人生有一个清晰而合理的规划。

海明威曾说过这样一句话："生活总是让我们遍体鳞伤，但到后来，那些受伤的地方一定会变成最强壮的地方，优于别人并不高贵，真正的高贵应是优于过去的自己，你可以消灭我，但你无法打败我。"

你看待世界的目光，决定你所处世界的模样。一个人，若眼中看到的是黑暗，那所处的世界就会一片黑暗；一个人，若眼中看到的是光明，那所处的世界也会一片光明。

所以，我们只有以一颗平常心去看待生活，以一颗积极乐观的心去面对生活，才能不乱于心，不困于情，不念过去，不畏将来，如此安好！

规划自己的人生目标，打造广阔的职业前景

万达老总王健林在参加鲁豫主持的访谈节目《鲁豫大咖一日行》时，曾壮志豪情地说过这样一句话："先定一个小目标，比方说我先挣它一个亿"。大多数人在听到这句话时，内心都会感到非常震惊：富豪的小目标就是一个亿？这是什么概念？普通人就算从出生算起，直到生命的最后尽头，一辈子不吃不喝辛苦奋斗也赚不到这么多吧！

一个亿，对于我们普通人来说，当然不容易做到，可是我们不能因为做不到就让自己得过且过，就不给人生定下目标。即使不可能把钱赚到一个亿，但我们可以在其他方面给自己定下一个小目标，比方说，三个月内提升自己的工作技能，半年之内考到驾照，一年之内将Photoshop学得出神入化……这些都可以称之为人生的小目标。

尤其是在职场上，有了目标我们才能拥有为之努力进取的决心与勇气，才能崭露头角受到领导的青睐和重用。

否则，一个对人生没有明确目标、没有合理规划的人，只会整天无所事事，虚度大好年华，甚至"做一天和尚撞一天钟"。与之形成鲜明对比的是这样一群人，他们走路带风、做事带劲，把时间当作金钱，分秒必争，并最终做出令人羡慕的成就，过上自己最理想的生活。

有些人时常感叹人生苦短，但其实，每个人的职场生涯也是有限的，几乎每个人的职业生涯都是从走出校门、踏入社会的那一刻才正式开始的。初入职场，很多人都缺乏一定的社会经验与历练，想要快

速脱离职场菜鸟的称谓，快速得到他人的认可，就要在最短的时间内不断地完善和提升自己，让自己多一些学习和历练的机会。这样，工作起来才会得心应手，自己的表现才会越发令人满意。

仔细观察身边那些成功人士，我们不难发现，他们每个人都给自己的人生定下了目标，做了详细合理的规划，所以，他们才能一步一步朝着自己的目标努力进取，获得成功。

正如网络上流传的一个段子所说：什么叫人生的目标？有目标的人生叫航行，没目标的人生叫流浪；什么叫人生的规划？有规划的人生叫蓝图，没规划的人生叫拼图。

虽是以调侃的语气来说，却生动翔实地对目标与规划做了最好的阐述。在职场中，我们唯有给自己定目标、做规划，才能打造出更广阔的职业前景。

也许，有些人会说"虽然我没有目标，但我的人生一直处在忙碌中，只要我不停歇，我的人生照样可以过得充实。"事实真的是这样吗？未必。如果真是这样的话，就不会有老鼠过街——人人喊打的情况出现了；如果真这样的话，整日嗡嗡作响的蚊子就不会飞到哪里都招致人们的厌恶了。

忙到什么程度不重要，忙的什么内容才重要。一个人如果对自己的人生没有目标、没有规划，整天瞎忙，又有何意义呢？浪费时间不说，还将自己弄得身心俱疲。待5年、10年后，再回过头来看这一段旅程，就会发现自己的辛苦付出其实都是白费力气，因为没有看到任何有价值的成效。

要知道，现在的生活状态都是由以前的选择决定的，而以后的生活状态如何则是由现在的选择来决定的。如果我们不能合理规划出自己的人生，即便将来后悔了，也阻止不了时间的停留，因为光阴似流水，一去不复返。

　　明白了这一点，我们就要从现在开始，珍惜眼前的时光，利用这大好的青春岁月，为自己的美好未来、努力打拼，为自己在竞争激烈的职场之路上争得一席之地。

　　规划好自己的人生目标，打造广阔的职业前景。只有将人生做好规划，我们才能有针对性地提升和完善自己，时刻准备着，全力以赴地投入到工作中。当然，定目标、做规划也不能凭空想象，也要根据自身条件与优劣势来扬长避短，这样才有助于我们将自己最优秀的一面展现在领导和同事面前。

　　所以，在定目标、做规划时，我们一定要客观公平地看待自己，并结合自己所处的行业与职位特点，来做出合理的、正确的的规划，这样才能为我们的职场之路一帆风顺。

　　当今社会，不乏有一些初入职场的人士心高气傲、大言不惭，将职场目标制定得超出自己的能力范围，以为这样会让自己更有动力。实际上，不切实际的目标只会让自己屡战屡败，以至于信心受挫自暴自弃，失去进取心。因此，我们在制订职业目标时一定要秉承切实可行的原则，合理把握好一个度，只有这样，才能信心满满朝着目标奋勇前进。

　　在给自己做规划时，我们也不能忽略了最重要的时间，如果定下的职业规划与时间产生冲突，想要获得成功就变成一件困难的事。所以，时间也是我们所要考虑的问题。

　　值得注意的是，在这个"信息爆炸"的时代，我们不能因为从前的成绩与荣耀，就放松对自己的要求。俗话说"活到老，学到老"，一个人只有不断学习，才能不断进步。正因为如此，我们才能在任何时候都不自我懈怠，在制定职业目标与规划时，要注意可持续性发展。

　　最重要的一点，我们还要考虑目标与规划的适应性。职场在不断变化，社会在不断进步，我们的目标与规划也要根据当前事情的发展形势做出合理的调整，尽最大可能去展现自己的优势，这样才能得偿所愿，获得自己梦寐以求的东西。

优优在读大四那年，因为学习成绩优异，被作为交换生送到美国某高校进行为期一年的学习。到美国后，她依然学习着自己最喜欢的生物专业，并很快适应了美国的生活。很快，一年的交换生涯结束了，但优优却觉得意犹未尽，为了能留在美国继续学习深造，她不得不想尽办法去考取当地的研究生。

之后，优优如愿以偿地留在了美国继续学习。后来，研究生学业结束后，优优又陷入了迷茫困惑中。一方面她很想留在国外继续攻读博士学位；另一方面又担心将来回国就业的形势会比现在还要严峻。

恰在此时，优优又遇到了一个特别难得的机会：美国一家公司会委派技术人员常驻中国，而且待遇和薪水也挺丰厚。再三权衡之后，优优作出了一个决定，放弃读博，去这家公司工作。

进入公司工作一年后，勤奋努力的优优就得到了这个心仪的机会，被总公司派回国内分公司常驻。回国工作的优优，并没有因为自己能力出众就骄傲自满停滞不前，而是有效利用业余时间，不断提升自己的专业技能与文化知识。很快，她就在公司崭露头角，成了领导的得力助手。

正因为优优对自己的职场之路有着清晰的目标与规划，所以她才能在前行的道路上大放光彩，并最终得到自己想要的一切。凭借着优优的勤奋努力，相信她的未来职场之路一定会前途无量，走得更加顺畅。

在这个日益激烈的职场环境下，一个人想要在工作上占得一席之地，想让自己的未来发展得更加灿烂，就要为自己的人生和职场定下切实可行的目标和合理的规划，并不断提升自己、完善自己。

　　否则，你在未来的某一天，一定会叫苦连天、唉声叹气。正如网络上广为流传的一句话"你现在流的泪，都是你当初做选择时脑子进的水。"可见，不定目标、不做规划的人生，一定是稀里糊涂的人生。

　　因此，我们一定要对自己的人生、职场制定一个切实可行的目标与规划。唯有这样，才能绘制自己的人生蓝图，才能更好地航行在这艘人生的大船上，让自己拥有一个更加广阔的未来。

高看自己一眼，你有这个实力

"骄傲使人落后，谦虚使人进步"，在这句至理名言的影响下，从小到大我们不敢锋芒毕露，不敢居功自傲。因为我们一直深信，谦虚才会让我们不耻下问，才会让我们戒骄戒躁，唯有谦虚才能使我们在成长的道路上不断进步，唯有谦虚才能使我们得到更广阔、更长远的发展。

凡事都要适可而止，谦虚也是一样。一个人如果过度谦虚，就会演变成自卑，同样得不到任何进步，因为凡事皆有度，这和水满则溢的道理其实差不多。谦虚过度，就会使得一个人做起事情来缩手缩脚、自卑怯弱，并丧失自信，甚至不敢在公开场合表现自己，害怕被人说"有什么了不起的""这有什么值得炫耀的"之类的话。

长此以往，在这种复杂的心理情况下，人们就会把自己陷入胆小自卑的不良心理状态，不敢勇敢活出真实的自己，内心也会因为害怕承受失败的痛楚和他人的嘲讽，而与成功渐行渐远。

哲学家黑格尔曾说："自卑总是和懈怠相伴而行。"从心理学的角度来说，自卑不仅会让人妄自菲薄，认为自己技不如人，同时它还是一种性格上的缺陷，这种缺陷会导致他们做任何事都缺乏自信，缺乏斗志昂扬的决心和坚持到底的恒心。

古往今来，只要我们认真观察，仔细留意生活的点点滴滴，就会发现成功人士都是充满自信之人，在他们身上压根看不到自卑的影子。因为他们内心始终有一个信念：一个人唯有相信自己，勇敢做自己，才能拥有为了目标坚持努力的信心与决心，才能获得成功的青睐。

为什么一个人要充满自信，远离自卑？因为自信会让我们高看自己一眼，会让我们浑身充满力量，会让我们冲破自卑带来的束缚。唯有远离自卑、充满自信，我们才能精神抖擞、斗志昂扬。

说到这儿，可能有些人会觉得谦虚和自卑没有太大的关联。谦虚和自卑在本质上是有一定区别的，简单地说，也就是一个人可以谦虚，但不能谦虚过度。因为谦虚过度就会导致自卑，自卑的人就会因为他人一句无意的话而轻易否定自己的认知与想法。

因此，我们一定要拥有足够的自信，要相信独一无二的自己也能创造出独特的价值，也唯有充满自信，我们才能做最真实的自己，活得洒脱快乐。

美国影视女演员杰西卡·阿尔芭，因她的五官比例堪称完美，所以使得她的脸蛋看起来特别漂亮。为此，曾有美国和加拿大某研究团队就根据杰西卡·阿尔芭的五官比例进行精确计算，证实她的整个面部比例达到了人脸黄金比例的最佳标准。

虽然杰西卡·阿尔芭有着精致的五官，但她也有烦恼的时候。原来，上海有一个正在热恋中的女孩，因被男友嫌弃不漂亮，就变得自卑起来。后来，她竟然在社交网络上发帖，称自己要按着男友喜欢的女明星杰西卡·阿尔芭的容貌来整容。

对于上海女孩这种冲动而失去理智的疯狂举动，杰西卡·阿尔芭曾针对此事在公开场合发言说："假如一个男人真的爱你，他绝不会因为对你的长相不满意就要求你整容。至于我自己，永远也不会希望改变自己的模样。"

的确，一个男人若真的喜欢自己的另一半，是绝不会要求另一半整容成他人的样子的，如果真这样，那只能说明这个男人不够深爱。在一段感情中，恋爱双方讲究的是平等，不管任何时候，我们都不能因为爱而丧失自己的原则与底线，把自己弄得低声下气、尊严扫地。

每个人都是独一无二、与众不同的个体，有着自己独特的魅力与才情，我们不必为了迎合他人而刻意做出伤害自己身体的行为，也不必因为他人对某一方面的不满意就变得自卑起来，进而做出不理智的荒唐行为，这实在是太不值得了。

我们要做的就是坚持自我、勇敢做自己、好好爱自己，这样才能让自己活得有尊严，不会轻易受到他人的践踏。

无论任何时候，坚持自我、勇敢做自己、好好爱自己都是一件特别重要的事。否则，为了得到他人的喜欢就放弃自己的原则与底线，为了他人的只言片语就轻易否定自己，这样的人生又有何意义呢？

说到笑星，很多人都会想到卓别林，由他所主演的喜剧曾给人带来了无尽的欢笑与快乐。但大家不知道的是，卓别林刚出道时，由于过度谦虚和自卑，使得他不敢表现自己，总是模仿其他笑星的风格与表演模式，以至于出道后的很长一段时间里，他都没有取得进步。

后来，卓别林意识到了这一点并勇敢做出了改变，他不再自卑、不再模仿，努力挖掘自己的优势，努力向观众展示自己的才能。最终，他创造了自己独特的演艺风格，并收获了巨大成功。

高看自己一眼，你有这个实力。在如今这个盲目跟风的时代下，我们不要因为他人的评头论足就丧失自信，变得自卑，一定要坚持自信，勇敢做自己，相信自己的能力与才情，相信自己也能创造出独一无二的辉煌，唯有这样，我们才能走得更长远、更稳健。

今天合理规划，明天才会幸福

在这个世界上，只要是那些有理想、有追求、有抱负的人，都会给自己定下一个长远而明确的目标，并在接下来的每一天为之努力奋斗。

因为他们知道，只有定下目标才能让自己有一个明确的方向，才不会让自己像一只无头苍蝇那样乱撞，白做无用功。正因为如此，成功才更青睐于他们这样的人。

所以，为了极早得到成功的青睐，早日过上自己想要的生活，我们就要趁早为自己定下一个切实可行的目标，毕竟确定了目标才是一个人通往成功之路的起点。

一个人只有确定了目标，才会拥有朝着目标努力奋斗的决心与勇气，才能最大限度地发挥自己的才能，成就更好、更优秀的自己。

在日本提起经营之神，很多人都会想到松下幸之助，他是日本松下电器的创始人。但在创办松下电器之前，他只是大阪某电灯公司的一名普通职员，且在这平凡的岗位上坚持做了7年。

在这7年的时间里，松下在职场上并没有什么突出的成就。也因此，他陷入了思考：如果自己再坚持等待下一个7年的话，可能依旧没有什么大的成就，这辈子很可能就这样平平淡淡地过去了，这根本不是自己想要的生活。

想到这里，他的内心萌发了自主创业的念头。不久后，他便正式离开了这家公司。

　　自主创业并不是一件容易的事，在此期间，松下遭受了一些艰难险阻，好在他都想办法解决并努力将公司创办了起来。哪怕后来公司步入正轨后有记者采访他："松下先生，假设您的公司某一天遭遇了灭顶之灾，到那时你会如何？"

　　松下毫不犹豫地说："如果真有那么一天，我就去卖面包。而且，我要把自己的面包做出与众不同的口味，让人吃了回味无穷。"

　　人生是一个不断学习的过程，一个人若想让自己往后余生的每一天都过得幸福快乐，活成自己内心最希望的样子，就要好好珍惜现在所拥有的每一天。从现在开始定目标、做规划，并努力朝着自己的目标去奋斗并努力坚持，相信自己一定能创造一个最美好的未来。

　　所有人都渴望成功，但并非人人都能轻而易举获得成功，为此，很多人时常都会找一个榜样来激励自己。在那些渴望成功的人眼中，著名的石油大王洛克菲勒就是一个值得学习的榜样。

　　洛克菲勒从一无所有发展成"石油大王"，建立了世界上最大的石油集团，这一切都来源于他在创业过程中的艰苦付出，才有了后来的丰厚回报。他曾对自己的儿子说："我们的命运由我们的行动决定，而绝非完全由我们的出身决定。"

　　的确，每个人的命运都掌握在自己手中，未来的命运如何完全取决于我们的态度、想法与行动，而出身只是一个起点而已，并不能决定人生的终点。不信的话，看完"石油大王"洛克菲勒的人生经历，就能从中得到启发。

　　小时候的洛克菲勒一直过着颠沛流离、动荡不安的生活。11岁时，他的父亲因为惹了一桩官司而离家躲避，他不得不早早承担起家庭生活的重担。后来，他在一所专科学校学习了三个月的会计和银行学，就辍学了。

　　辍学后，洛克菲勒在一家公司做会计助理，他利用空余时间自学一些专业知识。在公司，当同事们讨论一些相关的专业知识时，洛克菲勒也总是认真倾听，对那些不懂的知识还会虚心请教他人。

正因为洛克菲勒虚心、认真的态度，以及他在工作中兢兢业业的付出，很快便得到了老板的信赖。

有一次，他所在的公司遭遇骗局，高价购买了一批有瑕疵的瓷砖，当每个人都束手无策时，洛克菲勒却从中想到了一个好主意，为公司挽回了这笔损失。

还有一次，洛克菲勒通过新闻得知某地由于遭受自然灾害导致农作物减产，于是他推断出粮食和火腿在不久后将是紧俏物质，建议老板先大量囤货，之后再以高价卖给当地的农民。之后，公司果然因此获得了丰厚的利润。

为公司创造了很多利润后，洛克菲勒要求老板为自己加薪，却被老板拒绝了。愤怒之下，洛克菲勒离开这家公司决定自己创业，但当时的他手中全部家当只有500美元，而开公司需要3000美元。于是他找了一个朋友合伙，每人出资1500美元，他自己另想办法再借了1000美元，就这样终于将公司创办起来了。

就在创业的这一年，附近居民种植的农作物受到了严重的霜冻，导致颗粒无收。一些人找到他们公司，让他们帮忙支付购买农作物的定金，并以来年的粮食作为抵押。虽然公司账面上没有那么多钱，但洛克菲勒从中发现了商机，他利用银行贷款解决了这一问题。一年后，他的公司获利5000美元……

后来，洛克菲勒家族兴建了洛克菲勒中心大楼，位于美国纽约曼哈顿，共69层，从第五大道到第七大道，跨越了三个街区，被美国政府定为"国家历史地标"。而他的石油公司也由默默无闻的一个小公司，逐渐发展成为如今的洛克菲勒财团，受到世界的瞩目。

其实，洛克菲勒的第一份工作也是从一个年薪只有300美元的簿记员开始的，但他却懂得一步一步规划自己的人生，用自己的智慧去创造人生的传奇。所以，他才能获得成功，并最终成就了后来的石油帝国。

不得不说，一个人若在心中早早地为自己的人生定了目标、做了规划，并持之以恒地朝着目标勇敢前行，那未来的某一天，他一定能得到丰厚的回报，一定能收获成功。

可以说，目标是对那些渴望成功之人的一种激励、一种鞭策，只有树立了目标，人们才不会在人生的旅途中迷失方向。否则，没有目标，就像一艘没有航行路线的轮船一样，只能随着海浪的拍打漫无目的地随波逐流，永远也航行不到终点。

如果我们不想让自己的人生像无根的浮萍一样飘摇不定，活得没有任何意义；不想让自己在未来的某一天长吁短叹，追悔时光的流逝，那我们就要从现在开始积极地规划人生，努力为自己打造幸福美满的生活。

哪怕现在琐事缠身，哪怕到了而立之年，哪怕被生活的重担压得喘不过气，这些都没有关系，因为现在的规划将决定着未来的人生，今天合理规划，明天才会幸福。

规划未来，可以让自己找到人生的目标，可以高效率、高质量地提高我们对生活的要求与品质，可以让我们不必浪费时间与精力做一些无用功，它还可以让我们对自己的人生有一个准确的定位，从而更好地为了自己的目标去努力奋斗。

注重细节的规划，人生才会更圆满

古人云："凡事预则立，不预则废。"不管是国家还是企业或个人，在做每件事情之前都要给自己定下一个合理的计划。

唯有这样，才能行事缜密、步步为营，为自己争取一分成功的胜算。毕竟，成功不是动动嘴皮子就能做到的事，它需要我们对一件事做深入调查和多方研究，并结合自己的优势来谋求发展，这样才能让自己离成功越来越近。

很多人都向往成功，却不知道如何才能让自己离成功更近一步，所以他们才会让自己身陷迷茫，才会让自己走上一条与成功背道而驰的错误之路。为了改变这种错误，我们要趁早立志，为自己做一个清晰的规划，这样才不会让未来的自己讨厌现在的自己。

相传，在黄河岸边有一座几千人的小村庄。由于地势低洼又临近黄河岸边，使得这个村庄的村民经常遭遇水患，这给人们生活带来了很大的影响，为了治理水患，村民们自发修建了一座坚固的堤坝，用来阻挡洪水的侵袭。

自从建了堤坝后，这个村的村民们也确实过了几年太平日子。没有了水患的影响，他们自给自足，日子过得格外开心舒适，在这种舒适的状态下，他们逐渐遗忘了自己曾经遭遇的水患。

一位老伯去农田耕作回来，路过堤坝时觉得有些累，便在此歇息了一会。就在歇息的过程中，他发现了成群结队的蚂蚁，顺着蚂蚁行走的路线，他又发现了好几个硕大无比的蚁穴。看到这么多的蚂蚁在此筑巢，老人心想：这些蚂蚁会不会对堤坝产生一些不好的影响呢？

　　回到家，内心隐隐有些不安的老人将自己的担忧告诉了整个村子里的人。但谁知，那些村民听了之后都不以为意地说："怕什么，几只蚂蚁而已，在坚固的堤坝面前不值得一提。"听众人都这样说，老伯也放下了担忧。

　　几天后，当地下起了特大暴雨，临近的黄河涧水暴涨。汹涌澎湃的洪水顺着蚁穴开始源源不断地冲出来，水流越来越湍急，最终将堤坝冲垮，淹没了整个村庄。

　　而这就是成语"千里之堤，溃于蚁穴"的来历。仔细观察不难发现，生活中类似的事情经常发生，正所谓细节决定成败，所以，想要让自己的梦想得到圆满的实现，我们就要细致入微地对待每一件事，这样才不会犯下"为山九仞，功亏一篑"的错误。

　　说起来容易做起来难，很多人明明知道粗心大意会给自己带来影响，却依然改变不了这个陋习。以至于习惯成自然，一到关键时候就掉链子，最终让理想的实现变得遥遥无期。

　　有的人甚至认为细节上的错误不会引起人们的注意，不会对事情造成影响，若这样想就错了。不管何时何地，细节都显得尤为重要，打个比方，我们在购物后扫码支付的实际金额应是9.99元，但因为马虎而没有仔细核对，导致付出去的金额变成了99.9元，这种情况下，我们还能淡定从容吗？显然不会。

　　为了避免类似的错误，我们一定要让自己养成一个关注细节的好习惯，否则，一件事情哪怕我们做到了99分，也会因为细节没有做到位而无法得到100分。

　　一个人若不注重细节，做事没有条理、没有一个清晰的规划，不管他所从事的是什么行业，他都不可能成为行业里的佼佼者。反之，有条理、重细节、懂规划的人，即使起点低，在未来的日子里，他也能取得不俗的成就，让人刮目相看。

众所周知，拿破仑是一位军事奇才，曾经创造了很多辉煌的战绩。但大家不知道的是，他也经历过一场失败的战役，并由此改写了自己的命运，将自己亲手创建的法兰西第一帝国带入了万劫不复的境地。

拿破仑是一个控制欲较强的人，为了能牢牢控制俄国，他于1812年5月，率领57万大军远征俄国，并在短短的几个月内，一路长驱直入直捣俄国首都——莫斯科，但是令他没想到的是，当他们的人马入城后，迎接他们的却是全城的大火。

俄国沙皇亚历山大为了给拿破仑致命一击，采取了坚壁清野的措施。熊熊大火烧光了城中所有的粮食，大批战马被活活饿死。数周后，当地气温骤降，在这种饥寒交迫的情况下，不少士兵被冻死饿死。拿破仑迫不得已只好从莫斯科撤退，最终回到法国的士兵由出发时的57万人变成了连三万人都不到残兵败将。

很多人想不通，为什么大名鼎鼎的军事奇才会遭遇如此大的失败？但谁又能想到导致大军失败的原因竟然是一粒小小的纽扣呢？原来，参加作战的军队，衣服上缝制的都是锡制纽扣。这种材质的纽扣在遭遇极端寒冷的天气时，会产生化学反应而变成粉末。

在寒冷的天气下，御寒的棉衣士兵没有了纽扣，在行动中就会变得迟缓，身体上更是倍受折磨，因此，许多士兵被活活冻死……

可见，"细节决定成败"这话一点不假。细节就好比是一台精密仪器上的微小零件，虽然零件小，却也不可或缺，一旦这个小零件缺失，可能就会导致整个机器瘫痪。为此，曾有专家说过这样一句一针见血的话："放任手中1%的不合格，到他人手中就是100%的不合格。"这话不仅用在生活中合适，用在工作中同样合适。

注重细节的规划，人生才会更圆满。一个人只有细心、认真、严谨，随时注重细节，才能让自己做起事情来有条理、有效率，才能让自己立于不败之地。

"世间自有公道，付出总有回报，说到不如做到，要做就做最好"。若想全心全意做好一件事，若想让自己在众人面前脱颖而出，我们就要为自己定下一个清晰的规划，并在之后行事时照着这个准则来严格执行，且在执行的过程中注重细节，这样才能避免一招不慎、全盘皆输的局面。

懂得安排时间的人，才能更高效地管理人生

"昨日像那东流水，离我远去不可留。"对于逝去的时间，我们再怎么追悔莫及，它也不可能让我们重新经历一次。一天有24小时，一小时有60分钟，一分钟有60秒，每个人都一样，不会多也不会少，时间给予我们所有人都是公平的。

如果我们不想在后来的某一天，为之前浪费的那一天后悔，那我们就要合理规划好自己的时间，合理利用碎片化时间。

否则，你就算能力再强、志向再远大、目标再明确，如果不能充分安排好自己的时间，也无法高效率地处理工作与生活中的琐事。我们只有让自己成为时间的主人，才能让时间成为我们的好帮手，让自己在做每一件事情时都能获得事半功倍的效果。

有些人常常在心里反问自己："为什么我每天不停地忙碌，却没有看到任何实质性的进展呢？"归根究底，问题还是出在时间上，因为他没有合理安排好时间，才导致了这样的局面，看起来"劳苦"，却没有达到"功高"的效果。

"浪费他人的时间就相当于谋财害命。"那么，如果浪费的是自己的时间呢？这种行为是慢性自杀，长此以往就会让自己的人生跌入低谷，这样是很难赶超他人并获得成功的。

那些成功的人之所以能够获得比普通人瞩目的成绩，就在于他们对时间做了规划，有效地利用了时间，从而给自己的生活注入了更多的能量，让余下的每一天都变得丰富多彩起来。

一个人若想让自己的人生变得充实而有意义，就要对自己

的时间有正确而合理的安排。那么，怎样才算是正确而合理的安排呢？

很简单，根据自身实际情况做出安排能帮助自己的，那就是合理的的安排。未雨绸缪是一个不错的方法，它可以帮助我们将一些已知的事情提前写进备案里，这样就可以提醒那些记性差的人，并避免止一些突如其来的状况让自己变得被动、尴尬。

而且，对每天的时间做合理的安排，可以让我们把需要处理的事情做一个轻重缓急的划分，这样就能避免因手忙脚乱给自己的工作和生活带来影响。

有些人听到对时间还要做合理安排，就觉得有些不可思议，其实这并不是什么难事。我们只要提前一到两天做一些初步的安排就可以。千万别小看了时间的规划，只要我们每天都能将自己的时间提前安排好，那么做起事情来就会更高效。

王浩是一家企业的老总，手底下管理着几百个人，每天都有堆积如山的文件与大大小小的事情需要处理，这要是换作别人早就忙得晕头转向了，加班加点恐怕也是常事，但王浩却不同，他每天都能在上班时间内完成手头上的所有工作，且准时下班陪伴家人吃晚饭。

说到这里，很多人都很好奇，一个企业的老总怎么可能准点下班呢，难道是他把工作都安排给下属做了吗？其实并不是，王浩是一个非常敬业、有责任心的老板，很多事情都喜欢亲力亲为。他之所以能够做到家庭与事业二者之间的平衡，来源于他对时间的合理安排。

不管刮风下雨，王浩每天6点准时起床，在家里洗漱完毕吃过早餐后，就去公司开始一天的忙碌。之所以早早来到公司，除了避开早高峰堵车外，王浩还想在白天早点把事情处理完，晚上就可以多一些时间陪伴家人。

到办公室后，他一般会打开电脑浏览一下当天的热点新闻，然后再根据事情的轻重缓急来划分一天的工作安排。每完成一项当天的工作任务，他就会在心里默默地对自己说："加油，你可以的！"

之后，当秘书来了之后，他会和秘书讨论一下当天的工作任务，然后简短了解一下公司的实际情况。晚一些，当办公室员工准点来上班的时候，王浩已经工作了一个多小时了。即使是中途遇到了一些突发的紧急事件，他也有足够的时间来应对，并且还能为自己留出一小部分时间去车间巡视一番。

如果王浩不懂得合理安排时间，既不想早起，又想要晚上早点下班回家陪伴家人，那他的工作效率自然会降低，当遇到一些突如其来的紧急情况时，更是手忙脚乱不知所措。但好在他懂得合理安排自己的时间，不仅提高了工作效率、而且多了陪伴家人的时间，即便他是早起，但早起之后还可以锻炼身体，不是吗？可谓是一举三得。

懂得安排好时间的人，才能更高效地管理人生。我们只有合理安排好自己的时间，才能在有限的时间里创造更多价值的可能，让自己的人生过得有意义。

什么都想要，到最后什么都得不到

人人都知道"鱼和熊掌不可兼得"，当鱼和熊掌同时出现在自己面前时，一些人都会忘记"不可兼得"这四个字，一个都不想错过。结果，贪心的结局就是两手空空，什么也没有得到。

同样的道理，当我们在面对人生的选择时，也要理智地做出选择，该放弃时就放弃。只有放弃了多余的事物，我们才有足够的精力与时间来追求更好的、更适合自己发展的事物，成就更好的自己。

在非洲想要抓住那些活蹦乱跳的猴子，方法很简单：抓猴子，先把椰子开好洞，当然椰子上的这些洞口大小，要开得和猴子的前臂一样大小才可以，这样猴子在抓食时手臂才能伸进去。

然后在椰子洞里放上猴子爱吃的果仁，这样当贪吃的猴子伸手抓完米粒后，拳头就会因为紧握的果仁太多而出不了洞口。最终，贪吃的猴子因为拳头中的一把果仁而乖乖地束手就擒。

之所以这样，就是猴子不懂得适时放弃，因为贪心造成了这样的结局。

其实，贪心是很多人都会犯的一个错误，且从婴儿时期就具备了这样的贪念，因为从那时起我们就知道，对于自己喜欢的东西要牢牢握在自己的手中。长大了之后，我们更是将此技术发挥得炉火纯青。

殊不知，越想拥有的东西就越容易失去，尤其是在面临多重选择的时候，每个人都想一手抓，却最终什么都没有得到。这其实就和"鸡飞蛋打""偷鸡不成蚀把米""赔了夫人又折兵"是同样的道理。

　　家境贫寒的少女玛利亚，天资聪颖、勤奋好学，为了赚取去法国巴黎读书的学费，她利用假期来到一个贵族家中做家教，辅导贵族家的儿子卡西米尔学习。一来二去，年龄相仿的两个人便慢慢坠入了爱河。

　　后来，当他们在计划结婚事宜时，却遭到了男方父母的强烈反对，因为他们认为玛利亚家境贫寒且双方身份差异巨大，不适合做他们家的儿媳，他们的结合是门不当户不对，以后是不会幸福的。

　　在父母的强烈反对下，优柔寡断的卡西米尔最终选择了屈服，离开了玛利亚。倍受失恋折磨的玛利亚痛哭流涕，很长时间内都没有走出失恋的痛苦，伤心绝望的她不相信自己的感情会如此脆弱，她决定最后再询问一下卡西米尔的决定，倾听下他内心最真实的想法。

　　结果，卡西米尔还是遵从了自己父母的决定。看到昔日恋人如此绝情，伤心绝望的玛利亚决定不再苦苦纠缠。后来，她只身去了巴黎，在巴黎开始了自己的求学之路，把自己的全部身心都投入到了学业中。

　　正因为玛利亚适时地放弃了这段没有结果的感情，才有了后来她在生物领域和化学领域的成就，并成为世界上第一个两次获诺贝尔奖的人，而这个世界也因此多了一个伟大的科学家——居里夫人。

　　对于那些看得见的、对自己有利的事物，很多人都不愿放弃，但其实适时地放弃在某些时候也算是一种另类的收获。比如，官员放弃对名利的追逐，选择一心一意为人民服务，收获的就是心灵上的安稳与宁静；古玩收藏家，在不断寻宝的过程中，放弃那些钩心斗角的背后阴谋，收获的就是精神上的愉悦与享受；成功人士在家庭事业双丰收时，放弃对外面那些莺歌燕舞的追逐，收获的就是家庭的稳定与和谐。

正如有句话说："舍得，舍得，有舍就有得，得失得失有得就有失。"不可否认，学会放弃也需要很大的勇气，但只要勇敢地踏出了这一步，接下来的人生旅途就会见识到更多的风景，收获更多美妙的事物。

放弃不仅需要人们具备宽大的胸怀，更是体现一个人的修养与境界。"乱花渐欲迷人眼"，一个人只有适时地放弃，才不会被心中的欲望所牵绊，才能让自己变得强大起来，让人生过得洒脱快乐。

从某种意义上来说，放弃也是一种人生的智慧。有一句话不是说"舍得舍得，有舍就有得"嘛，只有适时地舍弃，才能让自己有所获得。只要想明白了这一点，在面对人生的一些选择时，我们就不会反复纠结与徘徊了。

要知道每个人每天的精力与时间都是有限的，再加上还要应付一些社交活动，因此，每天在面对一些琐碎的事物时，难免会因为精力不足、时间不够而无法做到面面俱到。这种情况下，适时放弃就是给自己减压、减重的最好方法。

数学家陈省身，因为懂得适时放弃外界那些琐碎的杂事，"一生只做一件事情"，所以他才能专心致志地在数学领域创造了辉煌；鲁迅先生懂得适时放弃，所以他弃理从医、弃医从文，在文学方面做出了巨大贡献。就连毛泽东也曾说："鲁迅的方向，就是中华民族新文化的方向。"

人生路上，面临的诱惑很多，如果我们什么都想要，又什么都不愿放弃，最终只会让自己负重难行。每个人都渴望成功，都希望不费吹灰之力就能拥有一切，但那些琳琅满目、让人目不暇接的东西，真的全部适合自己吗？显然不是。

什么都想要，到最后什么都得不到。在前行的道路上，与其盲目地瞎抓，不如理智地放弃那些不切实际的空想，转身选择一样适合自己的东西或者事物，努力为之奋斗并勇敢坚持下去，这才是对自己人生最有益的事，也只有坚持朝着一个目标去努力，我们才能迎来人生中最美好的春天。

找准自己的定位，才能拥有精彩的人生

多年前，法国一家报社曾在报纸上刊登过一个有奖智力竞赛，其中有一道题目是这样的：

如果某一天卢浮宫失火了，在火势很大很猛的情况下，若需要你冲到火场中抢救一幅画，那么你会抢救哪一幅呢？

成千上万的答案中，有的人说要抢救"蒙娜丽莎"，有的人说要抢救最有价值的，只有贝尔纳的答案获得了大众的一致认可，他的答案是："我会抢救离出口最近的那幅画"。为什么要抢救最近的那幅画，贝尔纳的理由是：成功的最佳目标不是最有价值的那个，而是最有可能实现的那个。

的确，一个人在面对选择时，尤其是在千钧一发的关键时刻，速度与时间就显得尤为重要。只有选择最有可能实现的目标、最适合自己的目标、离自己最近的目标，才有可能获得成功的机会。

如果真像有些人说的那样，去抢救最有价值的"蒙娜丽莎"，即便抢到手了恐怕也很难保持完好无损，因为灼热的温度与建筑物的碰撞会让这幅画满目疮痍。如果火势再大一些，恐怕人与画都会葬身火海。

同样的道理，一个人若不能够找准自己的定位，不知道自己该做些什么、该怎样做，那又如何能实现自己的目标呢？

尤其是在职场上，一个人在规划自己的未来发展时，需要从兴趣爱好、性格特征、工作经历、能力水平、学历专业等方面去考虑与衡量，给自己做一个精准的定位。只有定位准确，人们才不会身陷迷茫，才能在适合自己的道路上，将自己的才能与优势发挥到最佳，并得到众人的认可与赞赏。

有些人之所以在工作中业绩平平，数十年如一日的辛苦工作，能力却得不到任何提升，原因就在于他们没有找准自己的定位。他们不知道什么是自己的强项，也不知道自己适合做什么，每天都是浑浑噩噩地过日子，因而无法称心如意地获得自己想要的结果。

其实，想要化解这些并不是难事，只要找准自己的定位就可以。找准定位，可以让我们扬长避短，合理有效地利用自己手中的资源，集中精力、专心致志去做一件事，从而将一件事做到极致，成为某一领域的精英人物。

说到这里，可能有些人会问："为什么有的人多才多艺，却没有在某一领域获得突出表现呢？"归根究底还是在于他们自己，表面看起来学识渊博，实则胸无点墨，对每一项都只学到了皮毛。

正因为如此，我们若想让未来有一个良好的发展，就一定要给自己精准定位，找到一条最适合自己发展的路去走，这样才能抵抗外界的干扰与刺激，从而专心致志地为自己的未来努力奋斗。

一个小男孩问自己的父亲："人生最大的价值是什么？"父亲没有正面回答这个问题，而是对孩子说："你去院子里搬一块大石头到菜场上卖，如果有人问价格，你什么话都不要说，伸出一个手指就行；如果有人出价，你也不要卖，把石头原封不动地抱回来，我再告诉你答案是什么。"

第一天，小男孩抱着石头去了菜市场。菜市场上人来人往，看着一个孩子在此处卖石头都很奇怪。一位老奶奶问："这石头怎么卖呀？"小男孩伸出了一个手指。老奶奶说："1元钱吗？"小男孩摇摇头不说话。老奶奶又说："难道是10元？好吧，我也不还价了，就买它回去压酸菜吧！"

小男孩一听这话，心想：一块破石头就能卖10元，那满院子的石头岂不是都可以用来赚钱了，但想到父亲的嘱托，小男孩没有卖掉这块石头，而是高高兴兴地抱起石头回去了。

回到家，他问父亲："今天有个老奶奶要花10元钱买这块破石头回去压酸菜，我没有卖。您现在可以告诉我，人生最大的价值是什么了吗？"这位父亲笑了笑，说："还不到时候，你明天再抱着这块石头去博物馆，如果有人问价格，你什么话都不要说，伸出一个手指就行；如果有人出价，你也不要卖，把石头原封不动地搬回来，回来后我再告诉你答案。"

第二天，小男孩又抱着石头到了博物馆门口。路过的人对于这一幕同样充满了好奇，大家你一言我一语都在窃窃私语：

"这看上去就是一块普通的石头，为什么会摆在这里叫卖呢？"

"对啊，难道有什么特殊的含义，难道是一件文物？"

就在众人对这块石头的来历百思不得其解时，人群中突然有个中年大叔问小男孩："这石头怎么卖呀？"小男孩伸出了一个手指。中年人说："100元吗？"小男孩摇摇头不说话。中年人接着说："好吧，1000元也行，我正好需要一块合适的石头来雕刻。"

小男孩听到这人出价1000元，特别吃惊。当然，他还是遵照父亲的嘱托，把石头抱回家了。到家后，他对父亲说："今天有人要花1000元钱买这块石头回去做雕刻，我也没卖。这卜您叮以告诉我，人生最大的价值是什么了吧？"

这位父亲笑了笑，接着说："你明天再抱着这块石头去古玩市场，就和今天一样，有人出价你就把石头原封不动地抱回来，明天我一定告诉你答案。"

第二天小男孩又抱着石头到了古玩市场。这次不仅围观的人多，周围议论的人也多：

"这是一块什么材质的石头呢？"

"你们说，这是属于哪个朝代的文物呀？"

就在众人七嘴八舌议论时，有一位戴眼镜的中年人问小男孩："这石头怎么卖呀？"小男孩伸出了一个手指。中年人说："10000元吗？"小男孩听到对方报价一万元，有些被惊讶到了，便抬头看了这人一眼。

戴眼镜的客人以为小男孩嫌弃价格低，一边摆手一边说："不不不，你误会了，我刚才想说的价格其实是100000元！""什么，100000元？"小男孩一听这个价格被吓住了，抱起石头就跑回了家。

回家后，他一脸兴奋地对自己的父亲说："今天古玩市场有个人要出100000元买这块石头了，看不出来这块石头还挺值钱的呢？这下您总算可以告诉我，人生最大的价值是什么了吧？"

父亲一脸慈爱地摸了摸孩子的头，转而把孩子搂在了怀里，说："人生最大的价值就像你抱着卖的那块石头，如果把自己定位在菜市场，充其量也就值10块钱；如果把自己定位在博物馆，最多也就值1000元；如果把自己定位在古玩市场，那价值就完全不同了，瞬间就变成了100000元！定位不同，结局便完全不同！"

看完这个故事，我们从中悟到了什么呢？是不是感受到了定位对自己人生的重要性了呢？

不能找准自己的定位，怎能拥有精彩的人生。不要再说自己毫无价值了，只要找准定位，即便是一块毫不起眼的石头，也能变成众人眼里的香饽饽。而这一切，就取决于自己做出了怎样的选择。

一个人选择怎样的道路，将决定着他以后拥有怎样的人生，没有人能够轻易给我们的人生下定义，最终做决定的只能是我们自己。

打个比方，我们到森林里去砍树，森林里树木品种繁多，砍树的工具也很多。有用斧头就能砍断的小树，也有用电锯才能锯断的大树；有我们能扛回去的小树，也有需要拖车才能拉回去的大树。

但不管是哪种树，我们想要带回家的那棵树，一定是要我们能够砍得断、扛得动、喜欢的那棵树，这样我们才能把这棵树顺利扛回家。否则，定位不准的话，就会看到别人都把树扛回家了，我们还在那使劲砍树的尴尬局面。

现实生活中，不乏一些这样的人，在选择工作时从来不考虑以后的发展如何，他们考虑的只是眼前的利益，哪里赚钱多、赚钱快就往哪里去。但最终却发现自己大错特错，内心一个劲儿懊恼，如果当初能够合理规划，对自己的人生有一个准确的定位，也不至于蹉跎了岁月。

一个人若对自身定位不准，就会像随风飘散的蒲公英那样，风吹往哪里就在哪里生根发芽，这样是很难实现自己的人生辉煌的。我们只有根据自身的发展情况做出合理的定位，并勇敢朝着适合自己的方向去努力奋斗，才能让自己的人生精彩绝伦。

第五章 | 异视界：少有人走的路，
DIWUZHANG | 才是你最该走的路

"谁人背后不说人，谁人背后无人说。"一个人即使做得再好，也不可能让所有人都满意，若因为他人的三言两语就改变自己的决定，实在不是明智之举。人生在世，每个人都应该坚持走适合自己的路，不惧外界的流言飞语，这样才能更好地掌控自己的人生。

别让他人的眼光，决定自己人生的方向

动物界有这样一个故事：

喜鹊给自己重新建完新家后，左邻右舍都跑过来参观。

乌鸦说："挺漂亮，不过柴草太厚了，显得臃肿。"

听到乌鸦这样说，喜鹊忙丢掉了一些柴草。

旁边的大雁说："如果能在柴草下面铺一层小石子就更好了，这样睡起来有凹凸感，就像在给身体按摩一样。"

喜鹊听后，又忙着衔小石子来点缀。

鹦鹉见了又说："样式不流行，如果外面能用暖黄色粉刷一下就更好了，这样才有新意。

喜鹊听了这些建议后，都一一照做了。

不久后，寒冷的冬天来了。喜鹊住在自己刚建的新家里，却感受不到一丝温暖，柴草太少，石子太硬，冻得它瑟瑟发抖。更让人想不到的是，因为新家外墙刷了暖黄色，调皮的孩子误以为是马蜂窝，时不时用弹弓去打。

喜鹊住得心惊胆战，担心小命不保，连忙逃也似的离开了新家，另寻地方去建它的新窝了。

看到喜鹊的故事，你的内心是否觉得好笑呢？但是回过头来再看看自己，却发现自己也经常犯这样的错误，缺乏主见，随波逐流，盲目地跟随着他人的步伐前进。可走了一圈下来，最终却发现别人眼里最好的路，并不适合自己。

正如一千人眼中有一千个哈姆雷特，即使我们做得再好、再优秀，也不可能得到所有人的喜欢。所以，我们不必太在乎他人的目光，也不必为了迎合他人而勉强改变自己，我们要做的就是遵从内心的意愿，做最真实的自己。

要知道适合自己的才是最好的，他人的经验与阅历只能当作建议与参考，我们每个人都应该与众不同，做独一无二的自己。否则，活在他人的目光中，过于在意他人的看法，这就像是为他人而活，变成了他人的影子，这样的人生又有何意义呢？

一味地迎合他人的目光，却忽略了自己的感受，最终受苦受累的还是自己。

有一位父亲带着儿子去集市上卖驴，通往集市的路比较远，父子俩便一前一后赶着驴前行。

路过的一位中年人看到父子俩一脸疲惫，却不舍得骑驴，一脸嘲讽地说："瞧这两人的傻样，有驴也不知道骑。"听到他人的嘲笑后，父亲便决定让儿子骑驴，自己牵驴。

可没走多远，碰到一位头发花白的老人。老人见儿子骑驴，阴沉着脸说："你这孩子怎么不知道孝敬父母呢，你也太自私了，只顾自己享受。"儿子受到责备，赶紧从驴背上下来，让父亲骑驴，自己牵驴。

走了一段路之后，父子俩又碰到了一位带着孩子的年轻人。年轻人看到父亲骑驴，便又怒气冲冲地说："有你这样当父亲的吗？只顾自己享受，却不知道心疼自己的孩子。"父亲一听，赶紧从驴背上下来了。

可下来后，父子二人却犯了愁：骑驴有人说，不骑驴也有人说，这可如何是好？

最终，父子俩经过一番商量，决定两人同时骑驴，心想这下没人再说了吧！但是他们又想错了，即使是两人同时骑在驴背上，依然避免不了遭受他人的指手画脚。

这不，没走多远，他们又碰到了一个放牧的人。看着身强力壮的父子俩骑在瘦小的驴背上，放牧的人便打抱不平地说："你们还有没有良心？驴虽是动物，可它也是一条生命，你们不应该虐待它。"

公说公有理，婆说婆有理，似乎每个人说的都有道理，到底该听谁的呢？父子俩这下又开始犯难了……

我们每个人看待事情、考虑问题时，都会站在自己的角度来思考与衡量。如果我们不假思索就对他人的言语攻势轻易妥协，放弃自己的想法与决定，就会像故事中的那对父子一样，成了他人眼里的笑话不说，还给自己平添了许多烦恼。

人生在世，我们不可能做到让所有人都满意，即使让A满意了，让B满意了，也不一定能让C满意。不管我们怎么努力，怎么迎合他人的口味，还是会有人鸡蛋里挑骨头。

既然结果注定无法让所有人都满意，我们又何必去讨好别人呢？这样，只会让自己活得更累，让自己变得人云亦云、没主见。

最后折腾来折腾去，我们却发现适合他人的并不一定适合自己，他人眼里的好运用在我们自己身上，未必就是真的好上加好。可惜的是，这样一个浅显的道理，当事人往往要历经一些艰辛的磨炼后，才会深有体会，才能勇敢活出自我，才不会被他人的眼光左右了自己的思想意识。

有位画家，为了检验自己的画作水平，便在闹市区摆摊悬挂了一幅自己的得意之作，画摊上放了一支笔、一张纸，并在纸上写了这样一句话："如果观赏者认为此画有不足之处，请标注记号"。

傍晚来临，画家去收摊，发现自己的得意之作竟然被密密麻麻地标注了记号。那满满的记号就像一根根刺儿深深地扎进了画家的心里，似乎在嘲笑他的这幅画没有一点可取之处。

伤心沮丧的画家心里难过极了，他不相信自己的画作水平是如此不堪。心有不甘的画家为了重新检验自己的水平，他决定再换一种方法去测试。

他又拿着画了同样内容的作品到闹市区摆摊，只是将纸上的内容做了修改，上面写着："如果观赏者对此画满意，请标注记号"。

令人惊奇的是，傍晚时分，当画家去画摊收画时，却发现画上依旧涂满了密密麻麻的记号，只不过这次的记号却是满意与认可的标记。

试想下，如果画家没有进行第二次的测试，那他就会认为自己的绘画水平不行，是小孩子的涂鸦，或许就此萎靡不振，放弃了自己的理想与兴趣。

立场不同，看待事物的眼光自然也不同。我们不必为了获得他人的认可就百般讨好别人，这压根就没有必要，因为人生是自己的，自己的路该如何走，与他人没有半毛钱关系。与其把时间与精力花费在那些没有意义的事情上，还不如养精蓄锐、精神抖擞地去做一些有意义的事。

别让他人的眼光，决定自己人生的方向。他人的看法与建议再重要，也只能作为参考依据，有用的保留，无用的舍弃，千万不要好坏不分、来者不拒。唯有这样，我们才能勇敢活出自我，做最优秀的自己。

摒弃"随大流"，造就自己的与众不同

生活中，许多人都喜欢"随大流"，看到哪里人多就往哪里去，听到别人说什么就去做什么，不加分辨就盲目地加入随声附和的队伍里。因为在这些"随大流"的人眼中，一件事，大多数人都做了，那就不会错，就一定是正确的、安全的。

殊不知，"随大流"只会让人们变得人云亦云，并逐渐失去独立思考的能力。一个人若想成为众人眼里的佼佼者，想要变得与众不同，就要抛弃"随大流"的行为，学着自我成长，让自己变得坚强独立、有主见。唯有如此，才不会在盲目的"随大流"浪潮中迷失自己。

在李丽4岁生日时，她父亲没有给她准备特别的生日礼物，却语重心长地对她说了这样一番话："丽丽，你已经长大了，有自己的思想和意识了，所以不管做什么，你都要自己思考、自己判断，要有自己的主见，切不可人云亦云。"

李丽的父亲是这样说的，在对李丽的教育上也是这样做的，他希望能把女儿培养成一个独立自主、有思想、有主见的人。李丽父亲是连锁超市的老板，收入可观，家庭条件自然优渥。可实际上，李丽的童年生活却过得非常清贫，住的是老式的砖瓦房，没有洗澡间，没有24小时的热水供应，更没有网络电视和无线网。

有段时间，上四年级的李丽受到周围人的影响，迷上了玩滑板，几乎每天放学后都会跑到同学家去玩，可玩了滑板再回家做作业时间就已经晚了。因为去同学家一来一回要耽误很长时间，当她央求父亲给她买滑板时，父亲却严词拒绝了她。

父亲不想让女儿好逸恶劳，不想让女儿只知索取不知付出，他想让女儿从小就养成一种吃苦耐劳、奋发向上的坚韧品质。所以，在她很小的时候，父亲就注重引导她往这方面发展，让她自己的事情自己做，即使是在寒冷的冬天，父亲也不允许她为自己的懒惰找借口，依然早早地将她从温暖的被窝里叫起来，去超市理货、点数，让她学着分担生活的重担。

中学住校后，李丽结识的人多了，思想也开始产生了变化。当她看到身边的同学将自己的生活经营得丰富多彩、有滋有味时，就开始心生羡慕。她羡慕那些自由自在、无拘无束的同学们，可以随心所欲地看电影、逛街、郊游，她也想像他们那样去享受美好生活。

放学回家，李丽鼓起勇气向父亲说出了自己的想法："他们的生活太丰富多彩了，我也想参与，想变得和他们一样。"

听完女儿的话，父亲一脸严肃地说："并不是我非要限制你的人身自由，我只是不希望你做什么事情都追随他人的步伐，你应该勇敢地做自己，不能因为他人而影响了自己的判断力。"

父亲的话，让李丽低下头沉思了好久。最终，她想明白了：自己不应该盲目"随大流"，看到他人做什么就跟着去效仿，应该像父亲说的那样，勇敢做自己，有自己的思想与主见，这样才不会被悄无声息地淹没在茫茫人海之中。

正因为父亲独特的教育方式，使得李丽在以后的成长道路上才能坚持己见，做更好的自己，成为一个在职场上叱咤风云、独当一面的职场精英。

不知道大家有没有发现，有些事，本来自己不敢做、不愿轻易尝试，但当大多数人都去做的时候，我们内心便动摇了，为了和众人保持步调一致，也为了不被别人当成另类，我们便加入了"随大流"的队伍，并自以为是地认为，这样才是最保险、最安全的方法。

　　但其实，盲目跟随大部队前进并非是正确的，它只会让我们失去前进的方向，给我们增添无数的烦恼与忧愁。

　　就拿读书这事来说，小时候，父母告诉我们要好好学习、天天向上，要成为老师眼里的"三好学生"。一旦我们行为举止"出格"一点，上课看几本漫画书，或闲来无事捣鼓个小创意，就会被父母责骂，说我们调皮捣乱、不务正业。因为，那时候是以学习成绩论英雄，特长什么的并不重要。

　　可进入21世纪后，一切都变了，特长就会显得尤为重要，因为时代在发展，如果我们再不拥有一技之长的话，没准哪天就落伍了，就被这个社会淘汰了。抱着这种想法，现在很多父母就开始从小培养孩子的兴趣爱好，不管孩子喜不喜欢、愿不愿意，只要同龄的小朋友都在学，那就准没错，这样有了特长，将来一定会有用武之地。

　　然而，不遵从孩子的内心想法，只顾"随大流"，就会让孩子变得博而不精，不仅剥夺了孩子原本的快乐，也造就了孩子个性的缺失。更重要的是长期在这种"随大流"的环境下生活，孩子也会缺乏主见，失去自己的判断能力。

　　其实，不只是孩子，作为成人的我们也时常犯这样的错误。比如，等红绿灯时，看到身边人都在等，我们就会规规矩矩地站在一旁耐心等待，一旦某个人大摇大摆地闯红灯，我们内心便开始动摇。当后面闯红灯的人越来越多时，我们就会这样想：这么多人都闯了，多我一个也不算多。于是，我们便毫不犹豫地加入了闯红灯的队伍。

　　当我们在拥挤的车站排队买票时，如果有一两个人急匆匆地跑过来插队，我们内心除了愤怒外，也不会在言语上指责他们。但如果插队的人越来越多时，内心就再也无法淡定了，我们也会放弃原则，去加入插队的行列。

　　生活中诸如此类的事情还有很多。像公共场合乱丢垃圾、随地吐痰、多拿纸巾等一些行为，其实都是人们内心"随大流"的心理在作祟。虽然，"随大流"带来的不利影响是显而易见的，但不可否认，还是有很多人乐意"随大流"。

　　为什么乐意"随大流"？其实，最主要还是出于明哲保身的心理。因为"枪打出头鸟"，人们为了避免承担责任，避免因出风头给自己惹上麻烦，便用"随大流"的方式来决定自己前行的路。

　　但最终，"随大流"并没有为我们选择一条正确的道路，反而让我们在盲从中失去了创新的勇气，磨灭了自己的棱角，以至于不能更好地表现自己，得到他人的关注与喜欢。当然，我们也并非说"随大流"就一无是处，它在某些方面也有着积极作用，也能带领人们更好地继承和发扬文化的精髓、树立榜样的力量。

　　摒弃"随大流"，造就自己的与众不同。但时代在发展，科技在创新，如果我们不能自我警醒，盲目"随大流"，就会惨遭时代的抛弃。因此，我们一定要摒弃"随大流"的习惯，让自己在行为上有主见，在思想上能独立，让自己与众不同，成为一个无可替代的人。

有主见不盲从，才能更好地掌控自己的人生

某些时候，我们内心常常会抱着这样一种想法：对那些众人都认可的观点与想法，我们往往不加思考就会点头表示同意，为什么会这样呢？很简单，人们内心的从众心理在作祟。

正因为从众心理，才使得人们不愿思考、不愿创新，进而随波逐流，让自己被淹没在茫茫人海中。最终，成为一个毫不起眼的人，一个没有任何成就的人。

哲学家尼采说："我们不能被人们的心理波动所驱使，错误地判断事物是否重要。"这话告诉我们：一个人不管任何时候都不能放弃自我思考的能力，万事万物都不要只看表面现象，要学会深入研究，哪怕受到外界的影响，也要坚持自己的主见。

关于这点，意大利物理学家伽利略就做得很好，给后人做了一个很好的表率。

曾经，哲学家亚里士多德认为，每种物体由于重量有差异，所以它下落的快慢也是有区别的。也就是说每种物体下落的速度与自身的重量是成正比的，物体重下落的速度就快，物体轻下落的速度就慢。

所有人都对亚里士多德的理论深信不疑，并把这奉为真理，因为人们打心眼里认为这么著名的哲学家是不会出错的。

直到1700多年以后，物理学家伽利略根据自己在物理方面的多年经验推断出，亚里士多德的理论是错误的。为了验证自己的观点是否正确，他决定亲自来做一个实验。

一天，伽利略精心挑选了两个重量不同但大小相同的铁球，一个

实心、一个空心。实心的铁球重10磅，空心的铁球重1磅，并决定将实验的地点放在著名的比萨斜塔。得到伽利略要做实验推翻亚里士多德的理论的消息后，塔下面便聚集了很多看热闹的人。

一些人嘲笑着说："这个年轻人是精神错乱了吗，竟然敢质疑亚里士多德的理论，他肯定是疯了！"但伽利略并没有理会这些人的闲言碎语，而是专心致志做着自己的实验。

只见伽利略左右手各拿一个铁球，冲着围观的人群喊："大家看清楚了，重量不同的两个铁球就要落下去了。"说完，他把两手同时张开，人们看到两个铁球平行下落，几乎同时落到地面上。而塔下的人们看到掉落的铁球后都惊讶不已，因为他们发现两个铁球几乎是同时落地。

这个实验的成功，不仅彻底推翻了亚里士多德的错误理论，更由此揭开了自由落体运动的神秘面纱。

在人们的传统思维方式里，重的物体应该比轻的物体最先着地，但实际情况却非如此，伽利略的实验恰恰向我们证明了这一点。

由伽利略的实验所得出的结论，再联想到我们的日常生活，是不是也发现了类似的现象呢？很多时候，我们也对一些人的话深信不疑，因而不去深究，结果被误导而不自知。殊不知，每件事情的表象都笼罩着一层迷雾，要想见识到事物的本来面目，我们就得拨开层层迷雾，以怀疑批判的态茫去思考这件事，确立自己的观点。

拿破仑·希尔曾在《思考致富》一书中这样说道："人们要依靠'思考'致富，而不是'努力工作'致富。"他还强调，如果一个人只知道努力工作却不懂得认真思考，那么他绝不会变成一个富有的人。这也就是说，一个人若想变得"富有"，就一定要学会独立"思考"，拥有自己的主见与判断，千万不要盲从。

每个人都是一个独立的个体，理应对事物拥有自己的思考与判断。若为了偷懒或迎合他人，就放弃自己的思考与主见去顺从他人，那么顺从来顺从去，我们就会失去主见，成为一颗随风飘摇的墙头草，找不到前进的方向。

浅显易懂的道理，很多人都明白，却依然有人在不断地重复着这样的老路，因为这些人已经习惯了追随他人的脚步。试问，一个人若抱着这样的态度去经营人生，又怎能将人生经营得风生水起呢？又怎能承担起生活的重担呢？

明白了这一点，我们就要试着做出改变，从现在开始不管经历任何事，都要自己思考、自己判断、自己拿主意。有主见不盲从，才能更好地掌控自己的人生，才有可能将接下来的每一天都经营得与众不同。

虽然，遇到一些难以抉择的事情时，我们内心会反复纠结，不知道具体该如何选择，其实，用不着纠结，如果不是特别紧急或重要的事情，不妨先放一放，采用一种较为稳健的方式来解决。

生活中，为什么有些人总喜欢随波逐流？归根究底就在于这些人缺乏独立思考的能力和判断力，所以对事物不能做出合理的判断与决策。若一个人不勤于思考、不开动大脑，只想着附和他人，长此以往，就会像一只无头苍蝇那样四处乱撞。

有句话说"没有金刚钻别揽瓷器活"，虽然，我们提倡人要有自己的主见，要学会主宰自己的人生，但如果目前的我们还不具备一个良好的决策水平，那就要从现在开始逐步提升自己的能力。否则，不切实际地给自己制定一些过高的目标，只会让自己处处碰壁。

因此，每个人都应该具备独立的思考力与判断力，如果认为自己的想法是正确的、可行的，就要勇敢走下去。我们没必要为了讨好他人或害怕得罪他人而放弃自己的主张，因为这样只会失去自己的雄心壮志，只会让自己在随波逐流的脚步中迷失自己，失去自己的初心。

若不想就此虚度一生，让自己的人生碌碌无为，那我们就要从现在开始让自己以怀疑批判的态度去思考问题，让自己变得有主见、不盲从，学会掌控自己的人生，这样才能更好地决定自己人生未来的方向。

听自己的心，走自己的路

诗人但丁曾说："走自己的路，让别人说去吧！"意思是说一个人要坚定目标，走自己认为正确的道路，不必在乎他人背后的议论，否则，就会因为他人的评头论足而影响自己的判断力与执行力。

身处这个复杂多变的世界，我们每个人都有自己的人生路要走，哪怕我们费尽心思去讨好别人，设身处地去站在他人的立场上考虑问题，最终，也无法获得别人的认可与理解。因为我们不是当事人，无法对他人所经历的事情感同身受。

做一件事情时，每个人都不想受到他人的指手画脚与评头论足，更不希望自己的判断与决定受到他人的影响。既然如此，那在为人处事的过程中，我们就不要在他人沟通过程中随意发表意见，只有这样，我们才能避免一些外界的干扰，从而从容地走自己的人生路。

不可否认，在前行的道路上，每个人都希望获得成功并受到众人景仰，但在此过程中，我们会遇到许多阻力与障碍，也会遇到数不清的闲言碎语，不过这些都没有关系，因为人生是自己的，我们还得自己坚定勇敢地走下去，他人并不能代替我们前行。

因此，当我们受到他人的质疑与否定时，不要纠结和迷茫，坚持自己的信念，勇敢遵循内心的想法。虽然，这些人对我们的意见可能有正确的可行性建议，但我们也要根据自己的实际情况来甄别，千万不要囫囵吞枣、来者不拒，对他人的话不加分析就盲目质疑和否定自己。

一旦做出决定，我们就要坚信自己的选择，遵从内心的想法，只有这样才能做自己最想做的事、看自己最想看的风景、走自己最适合的路，让自己的人生没有缺失。

微微在读书时就表现出和其他同学的不一样，用老师的话说就是有些不安分。高中毕业后，她受到同学的蛊惑，放弃了离家近的安稳工作，转身跑去广东跟同学做生意。可谁知，到了目的地才知道，原来昔日同学是骗她去做传销的。

愤怒之余，微微转身要走，却被传销分子限制了人身自由，那些人不停地给微微洗脑，试图说服微微加入他们。但微微坚持不与他们为伍，勉强待了几天后就趁着外出人多的机会逃了出来。出来后，怒火中烧的微微除了报警外，还洋洋洒洒地写了一篇文章向当地报社投稿，意在揭露传销骗局，呼吁更多的人关注，以防止上当受骗的事情再度发生。

出乎意料的是，微微处女作竟然刊发了。兴奋不已的微微，当即做了一个决定，以后要继续努力，争取让自己成为一个出色的新闻记者。

身边的人对微微异想天开的想法，无一例外地都给予了嘲笑和打击，他们劝微微做人要务实一些，不要自不量力。因为在他们看来，高中毕业的微微离新闻记者的梦想还有着十万八千里的距离。

但微微对于他人的打击与质疑却毫不动摇，依然坚持着内心的想法。从处女作发表开始，微微就一门心思地投入到了写稿、投稿的状态中。因为她思维开阔、眼光独到、文字犀利，所以她的文章很快就受到了一些报纸杂志的青睐。

有一次，她看到某家报社招聘记者，便毫不犹豫报名参加了面试。结果，她一路过关斩将，得到了录用。为此，她非常高兴地说："读书时，在老师眼中我一直都是不安分的学生，受不到重用，如今居然有幸成为记者，这对我来说简直是一个奇迹。"

如果凭借之前受到的鼓舞，相信微微很难从一个普通的打工者变成如今的新闻记者。而微微之所以能够在实现梦想的道路上，取得成功，很大一部分来自她对梦想的执着。正因为她听从了内心的呼唤，坚定不移地走自己的路，所以才获得了最后的成功。

每个人的成功都不是一蹴而就的，需要通过自身的不懈努力和对梦想的坚持才能一步一步实现。可同样是努力，为什么有的人却在成功的道路上不停徘徊，一直到达不了终点呢？原因就在于这些人不能坚持己见，会因为他人随意的言论就否定自己、改变自己。

我们要明白，他人没有和我们同样的经历和心理活动，是无法对我们的情况了如指掌并感同身受的。所以，我们不要再做"墙头草，两边倒"了，我们应该坚持内心的想法，做最想做的自己。

"走自己的路，让别人说去吧"，虽然很多人都明白这个道理，但真正能够做到的人却少之少。毕竟，在走自己的路的过程中，我们会遇到一些艰难险阻。不过，不用怕，哪怕荆棘密布，只要坚持走一条适合自己的路，我们也能勇闯天涯。

当然，走自己的路也离不开坚定的信心与顽强的意志力。只要我们具备了这几种品质，再加以持之以恒的努力，人生之路就会走得格外顺畅与舒心。

每个人都有自己的理想，都有着为了理想坚持奋斗的决心。然而，理想很丰满，现实很骨感。理想可以为我们提供强大的精神力量，可以让我们对人生充满希望，但理想的实现却是一个艰难而漫长的过程。

在此过程中，如果我们因为他人的只言片语就停滞不前，甚至颓废消沉，那我们的人生将了无生趣。我们只有坚持己见，勇敢走自己的路，才能变得一路向前、无所畏惧。

　　人生之路，没有人能够代替我们前行，不管外界的看法如何，我们都应该遵从自己的内心，坚定不移地走自己的路。请相信，听自己的心，走自己的路，才是人生的最佳选择。

独立思考，我的人生我做主

处于迷茫时，人们会时常反问自己："为什么我总是一事无成，碌碌无为？"尤其是看着身边的朋友有所成就时，这种感觉就愈发强烈，心中就像有块石头，压得自己喘不过气来。

既然如此难受，为什么我们不仔细想想，这一切产生的原因是什么呢？是从事的工作不喜欢？还是在工作中人云亦云，盲目听从他人的意见呢？对于未来的发展前景，我们有替自己做一个合理的安排吗？

答案恐怕都是否定的吧！即便最初我们能坚持自己的观点，可一到关键时刻，我们还是架不住他人的三言两语，为了迎合他人而放弃了自己的观点。要知道，他人的观点与建议只能作为参考，如果我们不加以分辨，就让他人的言语左右了自己的思想，事事听从他人的安排，那我们的人生岂不像提线木偶一样，成了令人随意摆布的玩偶？

鞋子合不合适只有穿在脚上的人才知道，因此，我们应该摒弃这种错误思想，不要事事都听别人的，应该学会独立思考，拥有自己的主见。

张居正说："天下之事，虑之贵详，谋之贵众，行之贵力，断之贵独。"因此，我们要学会独立思考、独立判断，自己的事情自己做。否则，当断不断，必受其乱，失去良机不说，还有可能做出一些让自己后悔的事。

每个人都是独立的个体，有自己独立的人格与思想。成长过程中，随着思维的开阔与阅历的丰富，我们的思想会逐渐趋于成熟，凡事应该拥有自己的判断力，切不可人云亦云。否则，只会让自己失去主见、丧失独立思考的能力。

人云亦云并不能替我们换来正确的指引。大量事例证明，他人对我们提出的建议并不适合我们，对我们做出的评价也没有站在客观公正的立场上，很多都是不正确的言论，都只是他人的片面之词。

著名音乐家贝多芬，在练习小提琴演奏时，宁可遵从内心的呼唤拉适合自己的曲子，也不愿听从他人安排在技巧上做出改变。也因此，他的指导老师信誓旦旦地说"贝多芬这辈子在音乐道路上是不可能创造出辉煌的。"

曾被誉为20世纪最伟大的科学家爱因斯坦，小时候在行为发展上落后于人，4岁才会说话，7岁才会认字。上学后，更因为爱提问、爱幻想，被老师评价为"反应迟钝尽做白日梦的问题孩子"。

文学家托尔斯泰读书时，也曾因学习成绩不及格而被老师劝退过，在老师看来，托尔斯泰"不仅缺乏学习的主动性，更不曾拥有读书所具备的聪明头脑"。

以上这些享誉全世界的成功人士，小时候无一例外都受到了他人的打击与批评，但他们并没有自暴自弃，没有被他人的言语左右了自己的思想，所以他们才能取得令人瞩目的成绩。假设，他们当初若听信了他人的话，误以为自己真的不适合读书，真的反应迟钝，那他们也就不会拥有后来的成就了。

纵观这个社会，不乏一些从小便生长在温室中的花朵，由于家庭成员的过分溺爱，造成了他们任性妄为、缺乏担当、依赖性强、自私自利等不良习惯的滋生，这样的人一旦脱离家庭的环境因素，是很难独当一面的，因为他们依赖性太强，处处依靠别人，丝毫没有自己的主见。

学会独立思考，别什么都听他人的意见，因为"靠天靠地不如靠自己"。我们唯有让自己在思想上、在行为上不依赖他人，才能让自己变得有主见，让自己成长为一个优秀的人。

如果我们不能独立自主，还在事事依赖他人，那我们不妨从现在开始，从点滴做起，学会独立思考，学会独自面对生活的风风雨雨。

人生路上，难免会经历艰难险阻，我们要时刻提醒自己，求人不如求己。他人的帮助只能解一时燃眉之急，如果总想着依赖他人，我们就无法拥有自己的主见，无法让自己获得能力与行动上的提升。正如有句名言所说："没有人会带你去钓鱼，你要学会自己钓鱼。"

诚然，身处这个社会，免不了需要一些来自外界的鼓励、朋友的关心、父母的爱护……但他人给予的帮助总是有限的，如果我们自己不努力，一味依靠他人的帮助来过日子，这样的人生是很难有所作为的。

想让自己变得独立自主，就一定要拥有自己的主见，不要什么事情都听他人的安排。盲目追随他人的步伐，就会失去自我，丧失了做人的原则与尊严，这样的人生又有何意义呢？显然，没有任何价值。

独立思考，我的人生我做主。所以，我们一定要学会独立思考，让自己不再随波逐流，这样才会让自己有主见，成为自己人生的决策者。

值得注意的是，有主见并不是让我们固执己见，对他人的正确建议视而不见，而是让我们在听取他人的建议时，有则改之，无则加勉。在此过程中，倾听一些有价值的、正确的建议，并不断加以完善，但最终做决定的还是我们自己。

英国历史学家弗劳德说："一棵树如果要结出果实，必须先在土壤里扎下根。"同样的道理，一个人若不想人云亦云随波逐流，就得学会坚强独立，让自己变得独立自主，凡事不依赖于他人。唯有这样，才能得到更好地成长，才能获取更大的成就。

人生的路有千万条，别把自己的路走窄了

鲁迅先生曾说："这世上本没有路，走的人多了，便成了路。"站在人生的十字路口，望着纵横交错的街道，我们时常举棋不定、顿足不前，不知道该如何抉择人生的下一段旅程。于是，迷茫的我们一直不停地纠结徘徊在人生的十字路口。

但其实，条条大路通罗马，不管走哪条路我们都可以到达目的地。所以，我们千万不要把自己的视线局限于眼前，从而让自己前行的方向迷茫。

李小刚是某名牌大学的高才生，在校时学习成绩特别好，身边的人都认为这孩子将来的前途不可限量，一定能干成一番大事业。事实也证明，他确实干成了一番大事业，不过并不是众人口中光鲜亮丽的职场白领生活，而是另辟蹊径靠着养猪成就了自己的事业。

原来，当初小刚在找工作时屡屡碰壁，待遇好的公司嫌他没经验，待遇差的公司他又瞧不上，挑来挑去也没有挑到一个满意的公司。后来，得知老家邻居要把经营多年的养猪场转让，他便把这事接了下来。

身边的亲戚朋友对此都不理解，认为一个名校毕业的大学生放着体面光鲜的工作不干，却去养猪，实在是大材小用。但小刚没有被那些异样的眼光所影响，而是坚持做着自己认为对的事，很快，他就将养猪场的生意做得红红火火。

俗话说："三百六十行，行行出状元。"人生的道路上，除了平坦大道，也会有羊肠小道，如果觉得这样的路都不是自己要走的路，

我们也可以另辟蹊径去寻找一条曲径通幽的小路，只要能对自己的人生给予帮助就好。

大千世界，芸芸众生，不乏一些多才多艺之人，具备了天时地利人和，可为什么他们的人生却平淡无奇且离成功遥遥无期呢？对此，有的人可能会认为自己运气不够好，或是没有遇到贵人，但其实并不是这样。我们不妨静下心来反思自己：具备了这么多优势还没有取得成功，是不是自己把前行的道路走窄了呢？

大雨过后一般有两种人：一种人仰望天空，看到的是美丽的七色彩虹和湛蓝明净的天空，于是一边走路一边欣赏；一种人俯视大地，看到的却是满地漂浮的垃圾与步履维艰的烦恼，为了眼不见心不烦便赶紧打车逃离。

在面对同一件事情时，人的心态不同，眼中看到的世界就不同，最终导致脚下的路不同。

所以，我们一定要认清脚下的路，看看哪一条路才是最适合自己的，要知道通往成功的道路不只一条，我们不能看到他人成功了，就盲目跟风也去走一样的路，因为他人的路并不一定就适合我们。如果我们不懂得另辟蹊径、另寻出路，将自己的人生之路依附在他人身上，那我们终将碌碌无为、毫无建树。

这也是为什么有的人自身条件不错却一直不能获得成功的原因。因为看不清自己的优势与长处，他们认为自己只合适、只能做这样的事，其他的事做不了。抱着这种思想度日，所以他们事业平平、生活平平、人生平平。

之所以人生平庸，皆由于思维的局限使得他们眼光狭隘，看不清更多的路，导致将自己的路走窄了。如果不想就此平庸地过一生，那我们就要别出心裁，勇敢突破坐井观天的思维方式，这样才能寻找到更多的出路。

周小双读完高中后就辍学了，在朋友的介绍下做了一名酒水推销员。这份工作时间灵活、收入可观，小双便将自己未来的发展重心放在酒水推销上，且一做就是好几年。

几年后，随着做推销的人员越来越多，竞争越来越激烈，小双的职场之路便走得没有之前那么顺畅了。身边一些朋友劝他趁早改行，可他却说："从我踏入社会起，我就一直推销酒水的工作，除了这个，其他的工作我都做不了。"并婉言谢绝了朋友们的善意。

不久后，小双参加了高中同学聚会。席间，当大家聊起各自的近况时，便纷纷替小双感到不值。因为在身边同学们看来，以小双的口才、社交能力来说，不该屈居于此，理应拥有一片更广阔的天地才对。

同学们你一言我一语给小双出谋献策，并结合实际情况给出了最具建设性的意见。原本对朋友们的建议婉言谢绝的小双，"听君一席话，胜读十年书"，幡然醒悟过来后，决定从现在开始重新规划自己的人生之路。

同学聚会结束后，周小双辞掉了原来的工作。后来，他进了一家正规的销售公司，虽然不熟悉业务但他勤奋好学，虚心向同事请教，所以后来他的业务能力得到了稳步提升。一年后，他在公司的业绩芝麻开花节节高，最后成了他们部门的金牌销售。

人生的路有千万条，只有自己勇敢地走出去，才能看到不一样的风景，收获不一样的人生结局。就像案例中的陈小双，最初把自己定位在一个酒水推销员的位置，几年后他还是一个普通的推销员，并每天为自己的未来发愁；后来，他进正规公司并把自己定位在销售员的位置，从而让人生之路变得宽广起来。

选择的路不同，遇到的风景便不同，最终的结局也会完全不同。一个人若想让自己的人生出彩，得到众人的肯定与赞赏，就不要给前行的道路设置障碍，否则只会让自己的路越走越窄，让自己失去出彩的机会。

哪怕前行的道路上荆棘密布、艰难险阻，我们也不能因此就停滞不前，把自己局限在一种固定的思维方式里，让自己的能力与优势得不到有效发挥。当务之急，我们要做的就是放宽眼界，确定目标，通过不断努力奋斗，为自己的未来发展寻找到一条光明之路。

可惜的是，很多人常常自我设限把路走进了死胡同而不自知，抱着"这件事我不能做，有失我的身份""我不擅长，我也学不会，还是算了吧"的想法，认为自己不可能做好。久而久之，在这种思想的影响下，我们就真的不想做、懒得做、不愿做了，并最终导致"人生的路有千万条，可我面前的路却只有一条死胡同"的尴尬局面。

为了避免出现这种尴尬的局面，我们就要懂得另辟蹊径去寻找更多的出路，去走一条最适合自己的路。也只有这样，才有助于我们做出非凡的成绩，创造出人生的佳绩。

走自己的路，不要惧怕外界的流言蜚语

在每个人的青春岁月里，或多或少都会有某些事给人留下深刻的印象，尤其是在学生时代，品学兼优或是调皮捣蛋的孩子哪怕毕业多年，也会让自己的老师记忆犹新，反而是那些中规中矩的中等生，却会让人转眼就忘。

为什么会出现这样差异化的情况呢？究其原因，就是因为中等生没有自己鲜明的个性，行为举止毫不起眼，所以不能吸引到老师的目光，也无法在众人心里留下烙印。而那些优等生或调皮的学生，他们时不时会因为成绩或搞破坏的原因在老师面前出现，久而久之便让老师印象深刻、格外留心。

不管是性格导致的原因还是其他原因，世间万事万物既然存在，就必然有它的合理性。他人的性格好与不好，对未来的成长能否起到帮助，我们不好随意评判。我们唯一可以做的就是管理好自己的人生，努力做一个优秀的自己，不管经历任何事都要坚持自己的原则与底线。

哪怕困难挫折让我们负重前行，我们也不要轻易磨平了自己的棱角。相信天无绝人之路，即使前方的路再艰险，我们也能走出灰暗、迎来光明，并在前行的道路上收获掌声与鲜花，创造出自己独一无二的辉煌。

受传统教育的影响，时下很多父母喜欢拿自己的孩子与别人家的孩子进行对比，希望在比较中能激励自己的孩子奋发图强。但实际上每个孩子都不喜欢做这样的比较，因为比来比去免不了要比出一身的怨气来。

"燕雀安知鸿鹄之志"？每个人由于成长环境、家庭教育的不同，在某些方面自然会产生差异。如果我们一味地模仿别人，就失去了自己的个性，又有何意义呢？

正如这世上没有两片完全相同的树叶，也没有行为举止完全相同的两个人。每个人都是独一无二的自己，勇敢做自己，保持自己鲜明的个性，才不会在这个复杂的社会中迷失自己，才能更好地主宰自己的命运。

轩轩读高三时，由于面临着高考的压力，为了缓解内心的焦虑他便经常利用课堂时间看小说。为这事老师点名批评过多次，他的父母也想办法阻止了多次，无奈收效甚微。轩轩对小说的痴迷已经从最初的缓解焦虑变成了现在的如饥似渴，因此，他的学习成绩直线下滑。

眼看着高考的日子越来越近，父母看在眼里急在心里，却又束手无策，毕竟轩轩大部分时间都在学校，只要他想看便随时可以看。

看了很多小说后，轩轩被书中的故事情节所吸引，便萌发了自己写小说的冲动，有了这个想法后，他便开始实施，并坚持每天更新写3000字的小说。后来，他有幸在网上结识了一位同样爱好文字的网友，对方告诉他把小说放到网上就可以让自己得到关注与提升。

抱着试一试的心态，轩轩把自己的小说放到了网上，并坚持每天更新。后来，他发现自己的小说开始被人关注，每天都会增加不少流量与粉丝。看着不断上涨的粉丝人数，轩轩觉得自己的努力付出都是值得的，至少网上有人认可自己、肯定自己。

看着轩轩对文学创作的热情越来越高，父母迫于无奈，只得叮嘱轩轩先抓紧时间复习，一切等考上大学再说。

为了家庭和谐，也为了对自己的学业有一个交代，轩轩便认同了父母的意见，决定等高考结束后再写。更何况自己的第一部小说也已经更新完，接下来还要准备关于高考的相关事宜，也确实没有太多时间和精力，与父母做一些无谓的争辩。

就在轩轩父母以为一切都风平浪静时，事情却出现了一个戏剧性的变化。原来，有一家出版社在网上看到了轩轩的连载小说，并观察了一段时间后，觉得小说不错，因此主动联系轩轩商量小说的出版事宜。

原本，轩轩父母十分担心他因为写小说而影响学业，所以才千方百计地阻挠，可现在听说可以帮孩子出书，尤其是出书会对后期高考和找工作提供方便时，轩轩父母便不再阻止了。从那以后，他们不再干涉儿子的选择，而轩轩也如愿在自己喜欢的文字世界里自由翱翔。

高考后，虽然成绩不是特别理想，但轩轩的高考却因为出版小说的事变得容易了许多。再后来，轩轩在大学又接受了文学的熏陶与洗礼，使得他在文学创作的道路上越走越顺，并最终成了一位知名作家。不但出版了很多长篇小说，有的小说甚至还被改编成电影和电视剧，受到了大众的喜爱。

走自己的路，不要惧怕外界的流言蜚语。每个人都有自己的路要走，也应该走出一条与众不同的路，这样才不会磨灭自己的棱角与个性。

我们不必盲目听从他人的建议与安排，也不要对自己喜欢的目标与理想产生怀疑，对于自己选择的人生之路，要坚定勇敢地走下去，要相信自己一定能在这条道路上创造辉煌。

生活中，一些人缺乏自己的思考与判断能力，总觉得别人说什么都是对的，觉得自己的人生要跟随大众的脚步才不会犯错。但实际况并不是这样，每个人都是一个独立的个体，人生是自己的，我们没有必要让自己成为他人的影子，也没有必要依靠他人的想法来过自己的人生。我们要做的就是坚持走自己适合的路、正确的路，活出自己的精彩人生。

第六章 见识：眼光越犀利，
DILIUZHANG 机会就越无处躲避

　　盘旋在空中的老鹰，之所以能够快、狠、准地抓住自己的目标，就在于它目光敏锐，善于捕捉其他动物所发现不了的事物。同样，一个人想要出人头地，想要获得成功，就要像老鹰一样目光敏锐，这样才能更好地捕捉到一些不为人知的机会，让自己离成功更近一步。

每一条信息，或许都藏着契机

进入飞速发展的21世纪，"信息"这个词便成了热门，成了社交媒体与书刊使用频率较多的一个词语。比如"信息经济""信息技术""信息化浪潮"等。

在社交过程中，一个人掌握的信息越多，底气也就越足，在社交圈子中就更容易吃香，因为信息不仅是信息，也蕴藏着机遇与财富。信息的多少，直接关乎着一个人的人脉与能力。可以毫不夸张地说，一个人积累的信息越多，眼界与思路就会越宽广，学到的知识与收获的经验就会越丰富。

"信息爆炸"让我们足不出户就可以近距离了解新闻、娱乐、广告、科技、财经等方面的资讯，同时也给我们带来了各种各样的机会。每一条信息，或许都藏着契机，千万别小瞧了信息的重要性，因为它会为我们带来机遇，助我们早日通向成功的彼岸。

杨小丰过了16岁生日后，便决定自食其力不再伸手向父母要钱了。一天，他在街头闲逛时，突然看到了一辆标价为3000元的超炫酷摩托车，一见到这辆车，杨小丰便爱不释手。可这笔钱对刚刚自食其力的他来说，却不是小数目。要如何才能挣到足够的钱来买下这辆车呢？杨小丰一边琢磨一边望着心爱的摩托车出神。突然，他想起了前几天去某公司应聘时，在路过一大型商场时看到的一则招聘启事：因年底生意忙碌，需招聘临时工人为同城顾客送货。

如果现在借钱买下这辆车，不就正好派上用场了吗？想到这，杨小丰回家找表哥借了3000元钱，买下了这辆摩托车，然后，再与那家商场联系，接下了为同城顾客送货的工作。

一个月后，杨小丰还清了当初借表哥的钱，自己手中也有了些许积蓄。

第一次成功挣钱的经历给了杨小丰很多启发，他发现只要认真观察、留心生活的点点滴滴，不放过任何一条细微的信息，便能从中发现商机。只要自己能利用好这些商机，就可以为自己创造经济效益，从而得到梦寐以求的东西。

之后，杨小丰又去了一家超市工作，不久后超市因经营不善，老板决定转让。知道了这个消息后，小丰赶紧向身边亲戚朋友借钱，从老板手中盘下了这个超市。

虽然，超市看上去经营不善、濒临倒闭，但小丰却不这样认为，他觉得这对自己来说是一个充满挑战的机会。接手后，小丰进行了大刀阔斧的改革，改变了以往的经营理念，将服务变得人性化，并用心经营。

两年后，超市扭亏为盈，并逐渐步入了正轨。20岁时，小丰已经是身家几十万的小老板了。

有些人可能会觉得杨小丰运气好，刚好工作的那家超市要转让，刚好就筹到了那么多钱，所以他才能获得成功。其实不然，如果小丰对信息不够敏感，或者在面对有效信息时茫然不知所措，那再好的信息也变得毫无意义。

不过，这些都没有关系，要相信事在人为，只要方法对了，理智从容地应对，用自己的一双慧眼去发现那些隐藏的契机。身处信息年代，我们应该头脑清醒、眼光敏锐，让自己具备捕捉信息、接收信息和处理信息的能力，如此，才能为自己选择一条通往成功的路径。

当然，信息的捕捉、接收、处理的过程都是需要我们不断学习的。因为我们要学会分辨那些有价值的、对自己有用的信息，之后再对这些信息去加以合理利用，为自己将来的发展储备能量。

所以，学会收集信息、分辨信息是非常重要的一步。当我们在日常生活中将信息积累到了一定程度的时候，还要学会融会贯通。单纯地看一条信息，或许会觉得它没有任何利用价值，但当我们将所有信息串联起来，再加以分析规划，就能从中提取到很有价值的信息了。

也只有合理运用这些信息，我们才有可能为自己赢得机会、创造财富，为自己的人生发展寻求到一条最实用的途径。

换个角度看，危机就是转机

春夏秋冬四季交替，白天黑夜不断轮回，大自然的万事万物都有着它的自然规律，哪怕我们不喜欢也由不得我们。比如，有的人喜欢春意盎然的春天，不喜欢寒风瑟瑟的冬天。事实上，春有春的娇俏、冬有冬的傲娇，每个季节都有自己独特的美。

生活也是如此，任何事既有积极的一面，也有消极的一面，换个角度看，你就会看到不一样的"风景"。喜欢春天而不喜欢冬天，于是祈祷一年四季都是姹紫嫣红的春天，这可能吗？与其整天做一些不切实际的梦，还不如换个角度去看待一切。一件事，若我们眼里看到的是丑陋，换个角度去看，或许就能从丑陋中发现美好，从困境中发现转机。

但生活中，很多人一遇到困难挫折，就认为自己了霉运，就会由此产生危机感，甚至整日唉声叹气、怨天尤人，可即使这样，危机与霉运，该来的还是会来。所以，我们不用害怕，挺起脊梁勇敢面对才是明智之举。要相信，即使上帝给我们关上了一扇门，还会给我们打开一扇窗。

只要我们换个角度看待问题，就必然能发现上帝打开的那扇窗。我们不仅可以从中寻找到新的出路，还能发现更多的机遇。

法国前总统戴高乐说："困难，特别吸引坚强的人，因为一个人只有在拥抱困难时才会真正认识自己。"这就像同样一件事，不同的人做会有不同结果的原因。面对困难，坚强的人会越挫越勇，快速让自己成长起来；懦弱的人则不会，他们会认为自己能力有限，从而轻言放弃。

但事实真的是这样吗？任何事都不能只看表面现象，要学会换个角度看待问题，要学会另辟蹊径。唯有这样，才能让困难变得容易，才能从危机中找到转机。

有个泰国企业家，他把所有的积蓄和银行贷款全部投资在曼谷郊外一个备有高尔夫球场的15幢别墅里。但没想到，别墅刚刚盖好时，时运不济的他竟遇上了亚洲金融风暴，别墅一间也没有卖出去，连贷款也无法还清。企业家只好眼睁睁地看着别墅被银行查封拍卖，甚至连自己安身的居所也被拿去抵押还债了。

情绪低落的企业家，完全失去了斗志，他怎么也没料到，从未失过手的自己，居然会陷入如此困境。他承受不起此番沉重的打击，在他眼里，只能看到现在的失败，更不能忘记以前所拥有过的辉煌。

有一天吃早餐时，他觉得太太做的三明治味道非常不错，忽然，他灵光一闪——与其这样落魄下去，不如振作起来，从卖三明治重新开始。

当他向太太提议从头开始时，太太也非常支持，还建议丈夫要亲自到街上叫卖。企业家经过一番思索，终于下定决心行动了。从此，在曼谷的街头，每天早上大家都会看见一个头戴小白帽，胸前挂着售货箱的小贩，沿街叫卖三明治。

"一个昔日的亿万富翁，今日沿街叫卖三明治"的消息，很快传播开来，购买三明治的人也越来越多。这些人中有的是出于好奇，也有的是因为同情，更多人是因为三明治的独特口味慕名而来。

从此，三明治的生意越做越大，企业家也很快地走出了人生困境。

他之所以能失而复得一个明媚的今天，是因为在曾经的失败向他挑战现在和未来时，他没忘记先将身上的灰尘拍落，然后再轻轻松松地与之应战。

这个企业家叫施利华。几年来他以不屈不挠的奋斗精神，赢得了全国人民的尊重，后来更被评为"泰国十大杰出企业家"之首。

提起危机，很多人会不自觉地退避三舍，害怕自己遭受厄运，任何事情都是相辅相成的，想要成功，就必然得面临危机。虽然危机来自生理、心理、内在、外在等多方面的因素，但不管是哪种危机，都需要寻求积极有效的办法去化解。

正所谓"塞翁失马，焉知非福"。有些事，换个角度看，危机就是转机。只要我们在困难挫折面前态度积极一些，看法全面一些，并尝试一些新的方法，当危机来临时，我们就能从容应对，将危机化为转机，从而摆脱困境。

当然，想要把危机变为转机，可不是上下嘴唇碰一碰就能做到的事，除了另辟蹊径外，还需要我们意志坚定、具备一定的勇气与胆识。毕竟，在转化危机的过程中，我们会遇到各种各样的危机，如果我们没有一个足够强大的心理做支撑，没有勇气与胆识来为自己助阵，恐怕很难到达胜利的彼岸。

除了具备将危机化为转机的坚强意志与信念之外，我们还得具备冒险精神，只有敢于冒险，我们才能将想法落实到行动上。也只有在危机中，我们才能更好地发挥潜能，创造出不俗的成绩，才能险中求胜，在危机中收获意外之喜。

不管哪种情况，想要将危机化为转机，就要敢于冲破束缚，打破世俗观念，积极寻找隐藏在危机下的机遇。也只有牢牢抓住机遇，我们才有可能将危机化为转机，才会更懂得经营自己的人生。

有一种良机，叫作"眼力见儿"

几年前，有一部叫作《请回答1988》的韩剧受到许多人的喜爱，该剧以居住在韩国首尔道峰区双门洞的五家人为背景，讲述了他们几代人之间发生的情感故事。即便这部剧已经播完几年了，依然有很多人对这部剧印象深刻。

记得有一集的内容是这样的：正焕的妈妈平时在家里照顾着一家人的起居饮食，并将家打理得井井有条。一次正焕的妈妈需要离家几天，出门后的正焕妈妈一直担心家里三个没人照顾的男人会把家里弄得鸡飞狗跳。

结果回来后，她惊奇地发现，家里收拾得很整洁，他们把自己照顾得也很好。此刻，正焕的妈妈觉得自己好像是多余的，便有些怅然若失。百思不得其解的正焕后来在好友的提示下，明白了事情的原委。于是，他通过自己的努力，让妈妈脸上重新展开了笑容。

当正焕看到哥哥自己在煮面条，就故意将哥哥的手按在冒着热气的水中，转身冲妈妈大喊："妈妈，快来，哥哥的手被开水烫伤了……"

听到孩子的叫声，妈妈提着医药箱急匆匆地跑到厨房，一边给儿子包扎一边说："怎么这么不小心，要是没有我在身边，你们该怎么办呢？"

当爸爸小心翼翼地将用完的煤球从炉子中拿出来时，旁边的正焕却故意拿起伞柄将完好的煤球捣碎，弄得满地都是，然后冲着妈妈大声喊："妈妈，你快过来，爸爸把煤球摔得到处都是。"

妈妈火速来到现场，一边清扫碎掉的煤球，一边开始唠叨："怎么这么不小心，要是没有我在身边，你们该怎么办呢？"

除了这些，正焕还故意将衣柜里面的衣服翻得乱七八糟，然后假装找不到衣服。妈妈一边给正焕找衣服，一边又说着和之前一样的话。

这样的事情经历了几次后，闷闷不乐的妈妈心情由多云转晴，开始变得愉悦起来了。

在剧中，正焕懂得察言观色，他敏锐察觉到了妈妈出门前后的差别。于是，他在好友的建议下，有"眼力见儿"地去做一些事来取悦自己的妈妈，最终让妈妈重拾了往日的笑颜。

试想下，如果正焕当初直截了当地说："妈妈，你怎么不开心，发生什么不好的事了吗？"那这样温馨有爱的一幕就不会出现了，因为妈妈会说："没事，不用担心。"

可见，"眼力见儿"在我们日常生活中发挥的作用是不容小觑的。它不仅是解决问题、化解尴尬的帮手，更是日常生活的调味剂。因为，有"眼力见儿"的人做起事来会比那些没有"眼力见儿"的人，更容易受到他人的欢迎与喜爱。

但生活中，那些缺乏"眼力见儿"的人却大有人在，他们不懂得察言观色、见机行事。所以，他们时常做出一些不合时宜的事，因此，这样的人走到哪里都会惹人厌。

有个叫美美的女生，虽进入公司还不到半年，却惹得公司上下怨声载道。因为美美不管走到哪里，不管做什么都没有"眼力见儿"。

这天，同事娥子买好早餐进了公司，坐在座位上拿出鸡肉卷刚咬了两口，美美就进了门。看到娥子手中的鸡肉卷，美美大声地说："我也想吃，刚刚赶车太忙了，没时间去买。"

娥子表示这是自己的早餐，只买了一份，但美美却依然笑着说：

"没关系，我吃一半就好了"。在娥子还没有做出任何表示时，她已经自顾自地拿出一双筷子开始"切"鸡肉卷了，一边"切"还一边说："我只吃一半就好了。"

娥子压抑着心中的怒火问她："那你座位上还有其他可以吃的东西吗？"美美头也没抬，说："啥都没有。"接着，美美"切"好鸡肉卷，连谢谢都没说，就很潇洒地转身离去了，而娥子面前的袋子里，只留下了手指长一截的鸡肉卷。

旁边另一个同事看到这一幕，有点气不过，就故意很大声地说："你这剩下的鸡肉卷怎么一点鸡肉都看不到，尽是青菜和面皮了呀？"娥子听了这话，也是很无奈。而不远处的美美听到后，依然津津有味地吃着，仿佛这一切和自己没有关系。

知乎上曾有一个关于"眼力见儿"的提问：如果你和一个没有"眼力见"的人生活在一起，是一种什么感觉？

很多人回答：与这样的人在一起，有种分分钟想要掐死对方的冲动，很希望自己从来没有认识过这样的人。

虽然我们特别讨厌那些没有"眼力见儿"的人，但不可否认的是这样的人却时常出现在我们身边，他们时不时会做一些没有"眼力见儿"的事，当我们暗示对方时，对方却我行我素，丝毫没觉得自己的行为有任何不妥。

相信很多人遇到没有"眼力见儿"的人时，内心都很烦躁，因为谁都想在不伤害对方的前提下，更好地维护自己的利益。那么，我们在日常生活中，怎样才能做到有"眼力见儿"呢？

其实很简单，只要我们留心观察，并力所能及做一些尊老爱幼、助人为乐的事情就可以，因为生活中的很多事都可以让人发挥"眼力见儿"：

比如，看到步履蹒跚的老人过马路时，可以主动扶一下；

看到带小孩的人坐车时，可以主动让个座；

去别人家做客时，饭后主动帮主人收拾一下碗筷……

哪怕是一些细微的小事，也能反映出一个人的"眼力见儿"。"眼力见儿"不仅可以让我们对他人给予帮助，同时也能让我们收获他人的尊重与赞赏。

有些人，常常为自己没有"眼力见儿"而烦恼担忧，担心自己得不到朋友的喜欢、上司的认可、亲人的称赞，所以他们迫切想要改变。实际上，这种担心是多余的，没有哪个人天生就有"眼力见儿"，天生就懂得察言观色，那些有"眼力见儿"的人也都是一步一步练出来的。

想让自己眼力超群，变得有"眼力见儿"，就要让自己拥有一颗助人为乐的良好心态，一种肯站在他人立场上考虑的心态。如果娥子的同事美美，她能设身处地为朋友考虑，也就不会处处惹人厌了。

哈佛大学心理学博士丹尼尔·戈尔曼曾说："一个人的成功，IQ的作用只占20%，其余80%是EQ的因素，也就是如何做人。"

如何做人是一个成功人士最基本的准则。我们时常感叹有的人命好，出门遇贵人，但贵人却不是凭空而来的，它取决于我们在日常生活中的种种表现。如果我们能待人谦卑一些、做人真诚一些、做事果敢一些、有"眼力见"一些，处处给人留下好印象，那身边的人是不是也会对我们给予赞赏与肯定，为我们创造一些机会呢？

当然，这里所说的真诚、谦卑，并不是让我们放弃自己的原则与底线，低三下四去讨好他人、奉承他人，而是鼓励我们在日常社交活动中，学会换位思考、将心比心。

有一种良机，叫作"眼力见儿"。"眼力见儿"也代表着一个人的修养与谈吐，不管是在哪种情况下，我们都要让自己具备察言观色的本领，让自己有"眼力见"。唯有这样，我们才能在合适的场合下做最合时宜的事，也只有我们以诚待人，让他人感受到了尊重，他人才会对我们回以尊重。

你的眼光，决定着你的人生发展

有时候虽然内心极不情愿，但我们不得不承认，那些成功人士的眼光确实要比普通人敏锐、长远、独特。也正因为他们的眼光独到、长远，才可以预知到一些事物的发展趋势，才能以不变应万变，也因此，他们的人生才能与众不同，收获不一样的精彩。

这也是为什么做着同样的事情，有的人能够成功、有的人却经历失败的原因。归根究底，其实不在于这件事物的本身，而是取决于做事的人的眼光。一个人的眼光是否长远，对未来的发展起着决定性作用，因为看得远才能想得远，想得远才能思虑周全，才能更好地对人生做出选择，从而让未来的路走得更稳、更远。

一般来说，凡成大事者无一不具有高超的洞察力与敏锐的眼光。正因为他们眼光精准独到，能捕捉到一些不为人知的信息，并善于发现隐藏在生活中的机会，所以他们的人生之路才走得比一般人顺畅，才能成就自己的伟业。

比如，一个眼光好的人在穿衣打扮的时候，就会根据自己的独特眼光来选择适合自己的服饰，并根据场合的不同来做出最得体的打扮，将自己最完美的一面展现在众人面前。

再比如，一个集邮爱好者，若想收藏哪套邮票，那他就会根据时下的市场行情和邮票的未来升值空间，来对即将收藏的邮票做出预测和评估，从而更加清晰准确地判断这套邮票是否具有收藏价值。

一个人若想让自己变得高瞻远瞩，看到那些隐藏的机遇，就要努力提升自己的洞察力、分析力、判断力和把握全局的能力。唯有这样，才能让自己的眼光变得犀利、敏锐，才能从不同的角度去看待和思考问题。

当然，能力的提升并不是顷刻间就能完成的事，它是一个需要我们终身学习与积累的过程。我们只有在日常生活中注意积累，并努力向这方面靠近，那我们的各种能力，才能逐渐得到提升，并更好地应用于生活、工作中，为我们的未来发展贡献力量。

周祥楠在大学期间结识了一个学长，并从他身上学习到了很多宝贵的人生经验。因为他的这位学长可不是一般人，他目光长远，不管做什么事都能快人一步抢占先机，因而他的人生之路就像开了挂一样，事事顺遂。

大学毕业后，学长因面试成绩优异顺利进入一家世界500强企业做了一名销售。因目光长远、敏锐，再加上业务能力强、交际能力广，这位学长的职场之路也走得一路顺畅，三年不到，就坐上了销售主管的位置。

这位学长每次谈业务时，都懂得察言观色，能在短时间内通过对方的行为举止，来判断客户的潜在需求，并合理地运用自己的方式表达出来，所以他每次都能把话说到客户的心坎上，让对方听着高兴。正因为如此，再难缠的客户他都能一一搞定，并顺利签约。

周祥楠邀约学长一起吃饭，两人边吃边聊。谈笑间，学长说起了自己在工作中遇到的一个难题，周祥楠调侃地说："哇，真是没想到，还有让你这位大神头疼的事。快，说说看，遇到什么棘手的事情了？"

学长说："这事说来奇怪，在面见这位客户之前，我已经做足了准备工作，却还是没有找到突破口。这位客户为人处事非常低调，没有什么特别的嗜好，我想尽办法通过他身边的人，才探听到他喜欢吃生肉。你说这喜欢吃生肉，让我从何下手，我总不能送几块生肉给他吧！"

对于学长工作上的事，周祥楠也不知如何才能给予帮助。为了缓解学长的焦虑，他向学长说起了之前在外地旅游时遇到的一件趣事。

有一次去云南旅游时，周祥楠曾在当地的一户白族人家里吃过一次饭。席间，白族人非常热情，不仅把家里好吃的、好喝的全部拿出来招待自己，还免费带着周祥楠去游玩了他们当地的著名景点，并在临分别时赠送了一些土特产给他。

周祥楠说："虽然，他们对我非常热情，把所有好吃的都拿出来招待我，但我当天却并没有吃饱饭，因为他们的肉食基本都是生肉，我吃不习惯。对于我来说，还是像咱们今天这样的火锅吃得才叫痛快……"

听完周祥楠的话，学长茅塞顿开，他吃完晚饭就与周祥楠急匆匆地道别了。

过了一段时间，周祥楠接到了这位学长的电话，对方在电话里笑盈盈地说要请他吃饭。赴约后，周祥楠才知道学长请吃饭的目的是感谢自己帮他解决了工作上的难题，原来学长结合周祥楠所讲的旅游故事，猜测客户可能是白族人。

于是，他回去之后对白族文化和风俗习惯做了一番深入的研究，然后再结合白族人的餐桌礼仪与喜欢的菜式，重新宴请了那位客户。受到尊敬与重视的客户，感受到了学长的诚意，之后双方顺利地签约了。

你的眼光，决定着你的人生发展。大千世界，芸芸众生，有的人之所以比一般人更能获得成功，就在于他们具备了敏锐的洞察力。他们善于察言观色，能捕捉到一些他人未知的信息，在解决问题的同时又能给自己的人生增添更多的发展机会，因而成功也格外青睐他们。

虽然，这世间的万事万物都有着不同的特征，但只要我们眼光独到，总能从蛛丝马迹中观察到一些对我们有用的信息，并让这些信息为我们所用，也只有用不同寻常的眼光去看待身边的事物，我们的人生才能拥有更广阔的发展空间。

拓宽眼界，让你的成功快人一步

生活中，我们经常见到这样一幕：

"你眼光真好，上次帮我选的包包可以百搭。"

"××眼光怎么那么准，买哪只股票都是赚。"

"××的父母真有先见之明，从小让孩子学钢琴，这下高考就可以加分了。"

……

听到身边的同事和朋友议论这些眼光独到的人，如何快人一步为自己的人生添砖加瓦时，一些人的内心免不了又是一顿羡慕嫉妒恨。可羡慕的同时，我们可曾反思过自己，是什么造就了这种现象呢？

在回答这个问题之前，先来看个经典的小故事吧！

一个女孩在弹钢琴前把刚买的iPhone8放在了琴架上，身边同学看到后说："你故意刺激我呢，把手机放在我面前晃悠。"

女孩没有生气，淡定地说："我弹着价值30万的名牌钢琴，你却视若无睹，只看到了一个9000块钱的苹果手机。"

女孩的妈妈听到后对女儿说："你不也是吗？对价值800万的别墅视而不见，却对30万的钢琴如若珍宝。"

女孩的爸爸听到后对自己的妻子说："你又何尝不是，有一个身价2亿的老公在身边陪着，但你的眼中却只有那栋价值800万的别墅。"

看完这个故事后，我们从中领悟出了怎样的道理呢？相信明眼人一看便知，那就是眼界的大小决定着一个人看待事物的眼光。眼界不同，眼中看到的世界也就不同。

不管是在生活中还是工作中，一个人若独具慧眼，便可以预测出一些未知的风险，并提前做好防范措施。这样不仅可以避免自己犯错，还可以拓宽自己的发展空间，可谓一举两得。

古往今来，那些眼界宽广、独具慧眼的人其实有很多。儒家学派创始人孔子高瞻远瞩，所以才能提出"修身、齐家、治国、平天下"的理论；物理学家牛顿眼界宽广，由树上掉落的苹果而引发了万有引力的灵感，发现了万有引力定律；文学家范仲淹目光长远，率先提出了"先天下之忧而忧，后天下之乐而乐"的政治主张，并对后世产生了意义深远的影响……

当然，这个社会也不乏一些眼界狭隘、目光短浅之人。他们看不到长远的未来，只顾低头看脚下的路，只着眼于眼前的蝇头小利。因此，他们将自己的生活过得一地鸡毛不说，还将自己的未来也全部赔了进去。

比如，历经好几代人努力奋斗并创造多项奇迹的"三鹿集团"，在出事以前，其公司生产的乳制品不仅在行业内排名靠前，更是被世界品牌实验室评选为中国500个最具价值品牌之一。享有这么多殊荣，本来前途一片光明的"三鹿集团"，后来却被利益蒙蔽了双眼，为了一时之利，在婴幼儿食用的奶粉中掺加化工原料三聚氰胺，并由此引发了毒奶粉事件，最终导致集团破产。

这便是目光短浅引发的悲剧。为了贪图眼前的蝇头小利，最终"搬起石头砸了自己的脚"，这种咎由自取的方式实在是得不偿失。想当初，如果"三鹿集团"的领导者能够把自己的眼光放长远一些、宽广一些，也就不会遭遇后来的悲惨结局了。

寒冷的冬天，相信很多人都有过双手长满冻疮的经历吧。一旦长了冻疮，那滋味可真是难受，瘙痒难耐不说还不能用手去挠，否则冻疮处就会出现水疱、溃疡，并影响双手恢复的速度。关键是，手上长了冻疮后做起事情来就会特别不方便，而且还会影响双手的美观。

在古代，一般人家若生了冻疮，又寻不到冻疮药，就只能去忍受这种瘙痒，因为在古代，冻疮药是一味难得一见的药材，很多人家都用不起。在某个村子里，也只有一户人家有防冻疮的药，而这还是来源于他们家祖传下来的秘方。

一位游历的郎中偶然间探知了这个消息，觉得这是一个不错的商机，不仅可以借此来提高自己的医术，还可以让自己在赚一笔。于是，他赶往这户人家购买秘方，刚开始对方不同意，可后来看到这位郎中出的价格还不错，便欣然同意了。

当时，不少边关一年四季都在打仗，一些地方天寒地冻，将士们饱受冻疮的折磨。这个郎中拿到秘方后，想到军中一定会需要这个，他便一路直奔后方的军营。

到了军营，他主动献上了自己的良方，并告诉军营里的将军，有了这味良药保驾护航，哪怕在极端恶劣的天气里向敌军发起攻击，将士们的手也不会受到冻疮的折磨，因为这药立竿见影。

获此良方，这位将军心中大喜，并在之后向敌军发起了攻击，而敌军因为饱受冻疮的折磨节节败退，这位将军因此大获全胜。

这位献计的郎中因此获得了数量不菲的赏金，还被将军奉为了座上宾，受到了非同一般的待遇。

瞧，这就是眼界不同带来的差异。手持秘方的人眼界不同，最终收获的利益也完全不同。在普通人眼里，这个秘方只是保证自己和家人不受冻疮折磨，但在郎中眼里，冻疮秘方却为自己带来了商机与财富。

眼界不同，眼中看到的事物便截然不同，最终收获的结果便会有着天壤之别。

提起苹果公司，恐怕无人不知、无人不晓。它之所以能创造出令世人瞩目的成绩，并生产出麦金塔计算机、iMac、iPad、iPhone等风靡全球深受大众喜爱的电子产品，源自创始人乔布斯对市场需求的敏锐洞察。

在初入电子行业时，乔布斯就利用自己敏锐的眼光捕捉到了市场大众的需求，并根据自己的见解与理念，在电子领域开了先河，也由此将苹果公司做成了世界上最具品牌价值的公司。

可见，眼界对于一个人的成功起着多么重要的作用。不管何时何地，一个人只有独具慧眼，看待事物的发展才会更长远、更精准，才能见他人所未见，行他人所未行，抢占先机，让自己的未来发展快人一步。

拓宽眼界，让你的成功快人一步。也只有努力拓宽自己的眼界，摒弃坐井观天带来的局限，我们才能看到一片更广阔的天地。从而在这片天空里自由翱翔，发挥自己的优势与才能，创造人生的辉煌。

灾难背后往往隐藏着更大的机遇

很多人都听过"塞翁失马，焉知非福"这个成语，却极少有人听过这个成语背后隐藏的故事，故事的内容大概是这样的：

古时候，有一个叫塞翁的老人，他养了很多马。一天，他家的马突然无缘无故地走失了一匹，热心的邻居听说后都跑到他家，说一些好听的话安慰他。可谁知，塞翁并不担心，反而高兴地说："丢失一匹马没什么好担心的，没准这是一件好事呢？"

过了几天，丢失的那匹马回来了，还带回了另一匹马。周围的邻居听说后又跑过来恭喜他，白白捡了个大便宜。塞翁却不高兴地说："平白得了一匹马，没准是一件坏事呢？"

塞翁的儿子见捡回来的这匹马高大威猛，便要骑着这匹马去玩，结果，他的儿子驾驭不了这匹马，从马背上掉下来摔断了腿。邻居们听说后又跑来安慰他，可塞翁说："摔断了腿却保住了命，这怎么就不能是一件好事呢？"

几个月后，朝廷征兵，所有的青壮年都要去守卫前线，只有塞翁的儿了因为摔断了腿而幸免于征战，得以在家安稳度日。

这便是成语"塞翁失马，焉知非福"的来历。这个故事旨在告诉我们：任何事情都不是绝对的，虽然一时受到了损失，但同时也从中收到了福气。就像《道德经》中说的那样："祸兮福所倚，福兮祸所伏；福祸相依。"任何事，只要换个角度想，即便是不好的一面也能从中衍生出好的一面。

人生也是如此，当我们在生活中经历一些困难与挫折时，既不要愁眉不展也不要悲观厌世，要知道上帝给我们关上一扇门的同时，还会给我们打开一扇窗。只要我们能找到这扇窗并勇敢开启，我们就能发现这其中隐藏的机遇，就能收获更多胜利的果实。

北方有个农民叫王小利，他家种植了几十亩地的苹果树，之所以种植这么多，是因为，种植苹果树被当地村民公认为是脱贫致富的捷径。为了便于苹果树的管理，王小利还细心地在果园周围垒起了围墙，防止被牲畜破坏。

三年后果树挂果，由于当地种植苹果树的人太多，以至于价格被商贩压得很低。村民们伤了心，便任其自生自灭，因为卖苹果的钱还不够支付采摘工人的工资。

苦心经营的苹果树，结了果却赚不了钱，不仅不赚钱，还得倒贴树苗、化肥、农药和人工等费用，这下子王小利全家人的希望都落空了，要知道这些钱可都是当初找亲戚朋友借的，如今走到这步田地，去哪里弄钱还给人爱呢？

屋漏偏逢连夜雨，就在王小利一筹莫展之时，他种植在果园里的小麦苗又被野兔给偷吃了，野兔在围墙下面打了很多洞，成群结队地跑到他家果园里吃麦苗。

这下子，麦苗毁损，连自家温饱都难以解决了，不仅如此，那些讨债的人还纷纷上门，王小利真的是绝望了，他决定去看一眼自己的苹果园后，就离开这个世界。

可当他来到苹果园后，发现野兔正在欢快地吃着麦苗，非常生气的他关上果园围墙的门，就开始疯狂地打兔子。果园的野兔实在是太多了，没多大一会，王小利便打了好几十只，这么多兔子一家人也吃不完，王小利便去城里向各餐馆推销野兔。

一听说是野兔，那些老板都争着要买，再加上野兔肉质鲜美，一斤竟然可以卖到15元。看到这么轻松就赚了几百元，王小利寻思，养兔子似乎也是一条发家致富的路。

回家后，王小利又去果园接连观察了几天，他发现每天到果园里吃麦苗的兔子有很多。看到了商机后，王小利把所有的野兔洞都堵上了，利用果园里现有的兔子，开始学起了养殖。因为是野兔，既不需要引种也不需要额外费神，只要每天供应足够的青草就行了。

此后，野兔便在这片废弃的果园里尽情地生活，野兔的繁殖能力要比家兔强，两三个月的工夫，果园就俨然成了一个偌大的兔子王国。王小利每隔几天便会捉一批野兔送到城里的餐馆去，由于他价格公道、童叟无欺，很多人都慕名来找他买野兔。

随着需求的增加，王小利的养兔基地也扩大了规模。几年后，他不仅成了当地有名的养兔专业户，还清了所有欠款，还过上了令人羡慕的小康生活。

人生在世，我们难免会遇到一些大风大浪，并在风浪的席卷下愁肠百结，失去生活的信心。殊不知，当我们在人生的低谷中迷茫徘徊，看不清前进的方向时，只要挺起脊梁勇敢地站起来，用一双慧眼去仔细观察周围的一切，拨开眼前的层层迷雾，我们就能像王小利那样找到人生中的"兔子"，并利用"兔子"为自己带来商机与财富。

灾难背后往往隐藏着更大的机遇，很多事不能只看表面，只要我们懂得换个角度去看问题，就能从山穷水尽中看到柳暗花明，就能发现一些不为人知的机遇，从而利用这些机遇帮助自己摆脱困境，远离人生的沼泽，去重新开创一片全新的天地。

第七章

DIQIZHANG

大视野：你创业的战绩，取决于拥有何等眼力

　　想要人生开挂，就要以高屋建瓴的眼光和俯瞰全局的视野，透过现象看本质，对一件事物抽丝剥茧、层层分析，力求抓到最关键的点。这样在看待问题和解决问题时，才能条理清晰、化繁为简，让一切尽在自己的掌控中。

你的底牌，决定着你的未来发展

打牌的人都知道，在决定胜负之前的关键时刻，每个人都会紧握住手中的底牌，因为鹿死谁手、花落谁家还不知晓。如果得意忘形早早亮出自己的底牌，那对手就会及早做出应对措施。这样一来，手中的底牌即使再好，也无法发挥作用，反而有可能成为对手制衡我们的工具。

若想用手中的底牌来取得最终的胜利，我们就要出其不意、攻其不备，这样才能将底牌的功效发挥到极致，收获一个好的效果。一般来说，一个人的未来发展如何，能走多远的路程，与手中的底牌有着莫大的关联。

这也是为什么有的人在生死存亡的最后一刻，能够扭转局面化险为夷的原因。因为亮出手中底牌，会让对方措手不及、无力招架。

或许有的人并不认同这个观点，内心会充满疑惑：难道我们要深藏若虚，才能以底牌取胜吗？其实，并不是这样。这个也要就事论事，如果在与人下棋、打牌时，我们深藏若虚就是没错的，但如果是在职场中，我们隐藏实力，把什么都藏着，这样就会让领导误以为我们愚蠢笨拙，没有工作能力，进而对我们大失所望。

尤其是新进一家公司时，我们更应该将自己的优势展现出来，这样才能得到同事与领导的高看，才能获得他人的认可与欣赏，并给身边的人留下一个好印象，毕竟，对职场来说工作能力是十分重要的。

当然，亮出底牌也要运用恰当的方式与方法。如果我们自恃过高，凭借手中的优势就盛气凌人，将自己完全暴露在同事与领导面前，那结果未必会如我们预料那般，一个不小心，还有可能招致他人的厌恶与反感。

你的底牌，决定着你的未来发展。因此，我们在亮出底牌时，一定要表达得恰到好处，要出乎意料，给人一种意外的惊喜。这样才能给人一种神秘感，才能更好地吸引他人的目光，为自己获取成功的机会。

作为英语专业的高才生，小伊信心满满，自认为找工作不是难事，可是，在这个人才济济的时代里，小伊接连找了几个月的工作，但都不太满意。最初，她打算进一家行业口碑不错的公司，做一名负责外事活动的人员。可惜的是，那家公司已经招到了合适的人员，只有行政文员一职还有空缺。

思来想去，小伊决定先进入公司做文员，之后再另寻机会考虑"曲线救国"事宜。

进入公司已经一年多了，小伊一直兢兢业业地做着自己行政文员的工作，当然，她也一直在静待时机。终于，这个梦寐以求的机会被小伊等到了，公司突然接到了国外合作公司的电话，说他们即将派考察团来公司进行详细的考察，商谈合作的相关事宜，但此时，负责外事活动的人员却休了病假。

老板急得火烧眉毛，让小伊赶紧联系翻译公司，找人来负责商务洽谈时的翻译工作。当时，已经很晚了，小伊一时半会也没有联系到合适的人。放下电话后，小伊在房间里来回踱步，思虑再三，决定自己亲自出马。

虽然，之前的一年多时间里，她没有从事与自己专业相关的工作，但她却一直都在学习与公司发展业务有关的英文知识，并加以巩固。所以，第二天，小伊向老板毛遂自荐，主动要求当商务考察谈判的翻译。结果，小伊发挥出色，将自己最好的一面展现在了客户面前，当老板看到一个小小的行政文员具有如此才能的时候，更是惊喜不已。

项目成功签约后，老板便提拔了小伊，由行政文员直接升到了公关部经理一职。对于这突如其来的升迁之喜，小伊在感激老板慧眼识珠的同时，也深感庆幸，庆幸自己当初的决定是正确的，也庆幸自己一直都没有放弃对理想的追求。

作为英语专业的高才生，小伊绝对可以用实力来谋取一份不错的工作，只是，那时候的她一时半会没有找到心仪的工作。好在，她深谙曲线救国的战略，先保存实力以其他身份进入公司，然后再静待时机，待时机一到便亮出底牌。

不得不说，小伊亮出底牌的时机真是恰到好处，不仅解决了老板的燃眉之急，还让自己脱颖而出，受到了赏识与晋升，从而让自己的职场之路畅通无阻。

身在职场，有些人时常抱怨自己没有得到公平公正的待遇，看到他人不费吹灰之力就能升职加薪，便免不了一顿羡慕嫉妒恨。但自己有没有静下心来想想，为什么得不到老板的重视呢？

很简单，因为自己没有合理运用手中的底牌，没有为老板创造价值、为企业创造效益。在任何一个老板眼中，只有能够创造价值的员工才值得另眼相待。所以，身在职场，我们一定要让手中的底牌发挥得恰到好处，发挥出最大价值，这样才能让底牌给我们带来更多的机会。

高效率做事，你得分清轻重缓急

身处职场，每个人都会面临激烈的竞争，也会为手头堆积如山的工作而感到焦虑。尤其是对那些初入社会的职场新人来说，突然由无忧无虑的校园生活踏入压力山大的职场生活后，内心更是苦不堪言。

如果整日的忙碌能提升自己的能力与价值，那再苦再累也是值得的，若整日的忙碌换来的是一事无成，那一些人的内心便充满了焦虑，对于连轴转的工作任务，他们心生怨气、满腹牢骚。但牢骚并没有解决任何实质性的问题，该完成的工作还是得认认真真做，并不会因为牢骚就减半。

工作是永远做不完的，即使今天做完了，明天还会有新的工作任务。因此，我们没有必要对着面前堆积如山的工作发牢骚，也没有必要将自己好好的心情变得焦虑。我们要做的就是根据事情的轻重缓急来给自己的工作进行排序与分类，先处理紧急的、重要的，这样我们才能以一种淡定从容的心态来应对工作，提高效率、缓解焦虑。

为什么分类和排序就能提高效率、缓解焦虑呢？很简单，因为排序和分类可以让人们在短时间内，提高工作效率且将工作完成的又快又好。当工作变得秩序井然、有条不紊时，人的心情就会变好，这样内心也就不会再感到焦虑了。

那些职场上的前辈之所以能够淡定从容地面对工作，并高效率地完成工作，就在于他们会在开始工作之前，将手头所有的工作进行有效的排序与分类。所以，他们才能气定神闲地应对那些堆积如山的工作，且不会让自己变得焦虑。

刘飞大学毕业后做了一名医疗器材的销售人员。初入职场，刘飞并没有什么实战经验，也没有广阔的人脉，可出人意料的是还没过试用期的他，竟然接二连三地签下了好几个大单，业绩更是赶超之前的销售冠军。

公司那些老同事不相信一个职场菜鸟能取得如此惊人的成绩，认为刘飞隐瞒了自己的工作经历。但实际上，这份销售工作真的是刘飞踏入职场后的第一份工作，他的大学毕业证上清晰地写着他的毕业时间，表明他没有任何实战经验。

这家公司之前的销售冠军保持者是一位叫马小伟的同事，可自从刘飞进入这家公司后，马小伟的冠军位置就不保了。为此，他十分不满，为了重新夺回自己的荣耀，马小伟对刘飞展开了一番认真而细致的考察。

经过连续多日的观察，马小伟发现刘飞和公司里那些普通销售并没有什么不同，他每天都是准点上班、准点下班，联系客户、拜访客户，让人百思不得其解的是他的业绩却出奇的高，这是怎么一回事呢？

年底公司评选优秀销售员，刘飞当之无愧地得到了这一荣誉。在做年终总结报告时，刘飞为大家揭开了谜底。原来，刘飞之所以能够在职场上脱颖而出，从一个没有任何经验的职场菜鸟变成销售冠军，源自他在日常生活中养成的条理性。

在他的公文包里放着一个笔记本，他每天都会把自己要联系的客户、要见面的客户、要处理的事情分门别类，且细心地在客户名字下面做一些批注，比如客户的兴趣爱好、性格特征、公司特点等。

这样一来，自己在拜访客户时就可以有针对性地去迎合客户，避免浪费时间和精力做一些无用功，毕竟有的客户非常忙，如果自己一直絮絮叨叨却不能引起客户的兴趣，那么想要成功签下订单恐怕也要费上一番周折。

从表面上看，刘飞每天的工作和其他同事是一样的，但实际上刘飞的工作效率极高，也从来不会遗漏任何重要事情，所以，他能得到"优秀销售员"这个称号，也算实至名归。

其实，不管是工作还是生活，我们都要认真对待。也只有分清轻重缓急，我们才不会让自己变得焦虑，才能秩序井然、有条不紊地做好每一件事。在职场上，一个人若不懂得轻重缓急的重要性，处理工作时就会手忙脚乱，将自己的工作弄得一团糟，导致忙来忙去也没有做出任何有成效的事。

为了改变这种局面，让自己的工作有效率，我们在展开工作之前，就应该根据事情的轻重缓急来做一些合理的安排。一般来说，工作可以分为重要且紧急的、重要但不紧急的、不重要但紧急的、不重要也不紧急的四大类。

重要且紧急的一定要第一时间完成，哪怕手头上有很多工作，也要优先处理。只有先处理了紧急工作，我们的心情才不会那么焦虑，才能淡定从容地去处理接下来的工作。

重要但不紧急的事情也要引起我们的重视，也要为自己留出一定的时间去完成这些事情。尽早处理好这方面的工作，将有助于我们提升工作效率。

不重要却紧急的事情不能耽误，需要我们尽快处理，不然的话，若我们在处理其他事情时心里总是记挂着这件事，或是被领导催促，就会分散精力并影响自己做事的效率。与其这样，还不如早早地把这类事情处理完，再去处理那些不太紧急的事情。

不重要不紧急的事情自然是放在最后做，等那些重要且紧急的事情做完了再来考虑做这类事情。千万不要把这类工作排在其他事情的前面，否则就会严重影响自己的工作效率，导致后面的工作越来越多，并陷入一种恶性循环。

　　做事高效率，你得分清轻重缓急。只有对工作中的事情加以划分，我们才能清楚地知道哪些工作是紧急的，哪些工作是次要的，从而根据工作的重要程度来合理安排自己的工作任务。也只有做到了这一点，我们才能高效率做事，轻松应对工作，并让自己远离焦虑的不良情绪。

独具慧眼，让良机纷沓至来

生活中，我们总能看到这样一些人，吃自助餐时，趁服务员不注意便将那些免费的食品偷偷往包包里装；外出旅游时，看到他人遗留的物品便赶紧捡起来谎称是自己的；超市购物时，碰到那些免费试吃、试喝的新品时，便不顾形象大吃大喝……

总之，只要有占便宜的机会绝不让自己轻易错过。表面看起来，占这些便宜的确为自己节省了时间和金钱，但实则却失去了自己做人的尊严与风度，惹人厌弃，还错失一些成功的机会。

就好比卖菜，同样是卖菜，为什么有的人连卖带送，对顾客还是笑脸盈盈，而有的人却为了5毛钱与顾客在人流拥挤的菜市场里唇枪舌剑？原因就在于卖菜的人眼界不同，眼界不同心中的想法自然不同。

连卖带送的人目光长远，为了让自己赚取回头客，俘获顾客的欢心；为了5毛钱就与顾客愤起争执的人目光短浅，他们只注重眼前的得失，这样的人是留不住老顾客的。

想成大事者，就要让自己具有长远的目光，能走一步看三步，想到一些未知的事情，这样才能对自己的事业有一个合理的规划与帮助，才能快人一步抢占先机寻找到成功的捷径。

比如说下棋，为什么有的人屡战屡败？很简单，因为失败的人只知道进攻和防守，只知道走一步看一步，所以他们的雕虫小技很轻易就被对手识破。难道说对手有特异功能可以看穿一个人的所思所想吗？

其实，并不是对手有特异功能，而是对手目光长远。目光长远之人，懂得从对方的每一步棋局中，想到要走的下一步，因而提前在脑海中想好了应对之策，所以他们淡定从容、不骄不躁，以一颗平常之心来看待身边的事物，而身边一些事物的发展往往也都在他们的预料之中。

古往今来，那些目光长远、眼界宽广之人，大多都取得了令人称赞的成绩。例如，唐太宗李世民目光如炬，深谙"水能载舟亦能覆舟"的道理，在他的治理下唐王朝的商业经济得到了突飞猛进的发展；军事奇才诸葛亮独具慧眼，所以才能料事如神，接连想出空城计、草船借箭等这样的金点子，并协助刘备平定江山。

阿里巴巴创始人马云高瞻远瞩，看到了电子商务隐藏的商机，由此创办了阿里巴巴、淘宝网、天猫、支付宝等多个电子商务品牌，立志"要让天下没有难做的生意"，并将电商生意做到了国外；小米创始人雷军眼光独到，硬是将一家13人的小公司发展成了如今的上市公司，研发了小米手机、红米手机、小米电视、路由器、空气净化器等一系列深受大众喜爱的产品，而这一切，仅用了八年时间。

每个成功的背后，无一不反映着一个领导决策人的眼光，正因为他们独具慧眼、目光如炬，才能谋定而后动，一路走来收获了可喜可贺的成绩，享受众人的掌声与赞赏。

一个人如果目光短浅，不敢、不愿去尝试一些新鲜事物，只盯着脚下的这一条路，即使大好的机遇摆在面前，也会因眼光狭隘而错失良机，这样的人注定一辈子都会屈居人下，过着平庸的生活。

杰克是一位普通的园丁，经常帮客户打理他的私人花园。这位客户是一位具有商业头脑的上市公司老总，由于客户经常询问杰克一些关于种植花草的经验，一来二去大家便有些熟了。

看到这位老总的生意做得这么成功，杰克心生羡慕，便对他说：

"总裁先生，您的生意做得这么成功，是有什么诀窍吗？我可以向您讨教一二吗？"

这位老总说："其实也没有什么特殊的诀窍，不过我可以带着你一起跟我学，就从你熟悉的园艺开始。我负责提供一块5000平方米的土地和水果树苗，你负责除草、施肥、灌溉、打药等一些工作，其他的你都不用操心，成本全部算我的。三年后，当这些水果树苗开始挂果时，我们就可以从中获利了，到那时我们六四开，也许几年后你就摇身一变成为一个小老板了。"

当园丁听完老总的话后，一边摇头一边摆手说："不，总裁先生，我从来没有管理过这么大面积的园林，我也无法想象迎接我的是一种怎样的局面。我肯定会做得乱七八糟的，我想我还是老老实实做一个园丁吧！"

相信任何一个目光长远之人，对于摆在面前的大好机会一定会求之不得，一定会牢牢抓住不放，可这位园丁却目光短浅，因为害怕而选择了轻易放弃。

在这个社会，谁都不是天生的赢家，谁的成功都是一步步从失败的经验中逐渐获得的。为什么不试着将目光放长远一些呢？就像那位老总所说"几年之后，你就摇身一变成为小老板了"，到那时还怕遭受日晒雨淋吗？

要知道，机会转瞬即逝，放弃眼前的机会，也就代表着放弃了成功的机会。时代在发展，科技在创新，如果我们只顾眼前安稳，而不敢、不愿去尝试一些新鲜事物，故步自封、停滞不前，那我们的人生注定平淡无奇。

若想打造一个与众不同的人生，想让自己的人生精彩纷呈，我们就要从现在练就一双火眼金睛，去努力发现、勇于尝试一些新鲜事物，这样才能收获满满，让成功的硕果挂满枝头。

你吃过的亏里，隐藏着你的人生机遇

不管是在工作中还是在生活中，相信大部分人都有过这样的经历：有些事我们默默无闻地做了，大家就会对我们这种默默无闻的举动心生敬佩；同样的事，如果我们做了后进行大肆宣扬，那么众人就会怀疑我们动机不纯，并对我们的印象大打折扣，这样即使我们做得再好也得不到众人的感恩。

为什么会这样？道理很简单，做了好事还要留名，可不就是动机不纯嘛！这明摆着就是想要大家记住他的恩惠。对于这样斤斤计较的人，不管走到哪里都不会受到人们喜欢的。

王刚和周海都是某公司的新进职员，两人一路过关斩将好不容易才得到这份工作。王刚待人温和有礼貌，且是一个热心肠，像复印文件、订外卖这样的事，只要同事们请他帮忙，他都会一一应允，为此，他白天的工作总是会落下一些进度，为了完成工作，他只好晚上加班补回来。

对于王刚的举动，周海总是嘲笑他太傻，认为他纯属浪费时间。因为周海和王刚的性格截然相反，他从来不会做任何无利可图的事。也因此，周海把自己的时间都花在工作上，所以他的工作效率高、进步快，很快就得到了领导的表扬与赞赏。为此，周海有些得意。

转眼间，新员工的三个月试用期很快过去了，在最后一项考核员工去留以及职位高低的时候，周海信心满满。他想：自己多次得到领导的口头表扬，一定会得到一个满意的职位。但最终考核的结果却出人意料，王刚经过众人投票选举成了一名小组长，而周海却只是个小职员。

　　周海怎么也没有想到，自己能被王刚给比下去。诧异的他跑去质问领导，结果领导告诉他，王刚胜就胜在人际关系，由于他经常对同事们给予帮助，使得同事们对他有一定的了解，因此投票的时候也就更倾向于他。周海虽然在专业上要强一些，但人际关系差，不利于工作的开展，因此，领导经过一番综合比较后，也认为王刚更适合于组长的工作。

　　对于职场中的人来说，虽然大部分都是以"工作能力论英雄"，但人际关系也起着一个重要的作用。所谓"做事见人品"，一个人若与同事关系不融洽，凡事斤斤计较，自然是得不到大家喜欢的。

　　所以，在职场中，有时候不妨糊涂一点，不妨大度一些，适当地吃点亏也不是什么大不了的事，不是有句话说"吃亏是福"嘛，不要误以为吃亏就是吃力不讨好，要知道某些时候，吃亏真的可以给自己带来福气。

　　包伟是一个正宗的吃货，哪里开了新店，哪里有好吃的，他都能第一时间掌握到最新信息。因此，部门同事们就将每天点外卖的任务交给了他，他也乐此不疲。为此，包伟还专门在电脑上做了一份表格，精选了附近好吃的几家外卖餐厅并进行合理搭配，力争做到营养均衡、品质保证。

　　对于包伟的安排，同事们都很感激，因为他精选的这几家餐厅饭菜味道不仅可口，还常常送一些免费的饮料和水果，且送餐非常准时。

　　年底，公司开会讨论新一年的工作计划时，老总提出了想成立外包食堂的想法。这时，包伟所在的部门主管向老总推荐了包伟，并将他们部门平时点餐的情况向老总做了汇报。听到同事们都对包伟之前的点餐安排赞不绝口，老总认为包伟是一个做事认真且很有组织能力的人，于是就将成立外包食堂的事交给了他。

　　这样的事对包伟来说简直是小菜一碟，和以前相比，这次只不过是人数增多、口味增加了而已。因此，包伟在处理起来游刃有余，进展非常顺利，公司上上下下的人都对包伟竖起了大拇指。

　　一年后，人事部主管辞职，鉴于包伟的统筹能力与组织能力，老总认为包伟是再合适不过的人选，便提拔他做了人事主管一职。

　　试想下，如果当初包伟觉得帮同事们点外卖是一件麻烦事，会影响自己工作，那他的能力又如何得到众人的认可呢？得不到认可，又如何能够脱颖而出得到升职的机会呢？

　　想得到就必然要失去，想成功就必然要付出，如果什么都不想做，就妄想天上掉馅饼，那么妄想只能是妄想，不付出怎么可能得到回报呢？在这个世界上，人与人之间都是相互的，从短期看有些事做了可能会有些吃亏，但从长远来看却是在为自己积攒一个好人缘，并让自己有更多的机会了解公司的相关事物。

　　比如，男同事在茶水间主动换几次桶装水，主动承担一些体力上的活，女同事就会认为这人靠得住，领导会认为这人能吃苦。对自己来说，做这样的事也可以借此锻炼身体，缓解一下紧张的情绪，还可以在众人面前留下一个好印象，何乐而不为呢？

　　再比如，复印文件、打印资料可以让自己多一个学习的机会，还可以从中了解到一些同事的行事风格，方便与之更好的相处，不是吗？日后，若自己有困难需要帮助时，同事们也不好意思拒绝。

　　你吃过的亏里，隐藏着你的人生机遇。任何事都有多面性，如果我们能试着换个角度来看，那么吃亏就是一种福气，只要我们乐于奉献、敢于吃亏，就能让自己得到上天的垂怜，得到更多成功的机遇。

舍得舍得，有舍才有得

经常捕猎的人都知道，有时候捕兽工具明明夹住了猎物，但自己去收网时却没有看到猎物的踪迹，如果仔细观察就会发现在捕兽工具的周围留下了动物的毛发和断掌。很显然，猎物在生死存亡的关键时刻，舍弃断掌逃命去了。

仔细观察我们的周边，也会发现存在这样的事。有的人在面对一些难以抉择的事物时，权衡利弊，懂得舍弃，能集中精力去认真努力做好一件事，因而得到了内心的安然与恬静，也让自己的人生得到了一个更好的发展。

不知道大家有没有看过《鸡毛飞上天》这部电视剧，该剧以男女主人公陈江河、骆玉珠之间的感情故事和创业故事为线索，向人们讲述了浙江义乌小商品批发市场30多年来曲折而辉煌的发展历程。

剧中，陈江河因为秉承"舍弃到嘴边的肥肉，你会得到更多"这一理念，收获良多。与妻子一路过五关斩六将，一路走来不仅做出了自己的品牌，还将传统的零售业发展到了互联网上，把线上线下的生意都做到了极致。

他之所以能收获后来的成功，秘诀离不开八个字：他弃我取，人争我避。陈江河是一个善观风向的人，在商海里他从不做人云亦云的事。一件事如果有人提前做了，哪怕自己做还能分得一杯羹，他也绝不再做。

他总是从市场上不断寻找一些新的商机，做一些他人不敢、不愿尝试的事，并争做第一个淘金的人。也正是靠着这样理念和秘诀，最终他将自己的生意发展到了国外。

在宦海浮沉的商界上，善观风向并懂得舍弃眼前诱人"肥肉"的人还有很多，长江实业创办人李嘉诚就是其中之一。塑料花在欧美比较盛行，李嘉诚敏锐捕捉到了这一商机，便迅速将自己经营的塑料厂由单一的生产玩具转向生产塑料花，并成了世界上最大的塑料花生产商。

正当塑料花生意做得风生水起之时，李嘉诚却出乎意料地舍弃了这块"肥肉"，转而重新做起了自己的老本行——玩具。原来，善观风向的李嘉诚知道产品爆红后，后期就会有些眼馋的人，急于想吃"肥肉"而盲目跟风模仿。

为了避免受到市场的冲击，他果断放弃了塑料花这块"肥肉"。事实证明，李嘉诚的做法是对的，后来塑料花行情持续下跌，不少厂家都血本无归，而他的长江实业却毫发无伤。

同样的情况在其他行业也经常发生。当年美国曾刮起一股假发热潮，也引起了香港不少企业家的追捧，那几年加入这个行业的生意人都赚得盆满钵满，可就在形势一片大好之时，香港假发业开拓者刘文汉却抽身而退，放弃了这块又大又好的"肥肉"，并转身去了澳大利亚重新开拓新市场。

事实证明，刘文汉和李嘉诚一样都是善观风向之人。所以后来当假发的浪潮降温导致一些生产企业破产倒闭时，刘文汉并没有受到影响。

赚一时的钱并不难，难的是如何在宦海浮沉的商海中将企业做大做强，并屹立不倒，这才是最重要的。很多人见到"肥肉"就两眼冒金光，恨不能"一口吃成个胖子"，可是，吃得太多、吃得太油腻，不怕引起消化不良吗？如果怕，就不要贪恋已经尝过鲜的"肥肉"。

不是有句话说"舍得舍得，有舍才有得"吗？只有善观风向并懂得实时舍弃，这样才能得到更长远的发展。

小默家世世代代靠海吃海，今年高考后，他没有像往年那样补课，而是每天跟着父亲出海去捞海菜。一天午后，他又像往常一样，和父亲驾驶着那条只有9马力的小船出海。他们捞海菜的位置就在离岸边五六海里的海域，忙碌了一下午，他们打捞到了满满一船的海菜。

就在他们准备启程回家时，天渐渐变得暗了下来，随后开始刮起了大风，看着情况不妙，父亲便赶紧启动小船想趁着大风到来之前开回家。可是，小船上堆满了海菜根本开不快，于是父亲让小默把船上的海菜扔一半到海里，以减轻小船的重量。

果然，减少了海菜的重量后，小船的速度提高了不少。就在回程的途中，暴风雨开始逐渐变大，小默他们的船就如同一只任人宰割的猎物，时而被浪花拍打船头，时而被浪花拍打船尾。

一路行驶了大概15分钟后，小默他们的船进入了一片风浪稍小一些的海域，看着船上为数不多的海菜，父亲嘱咐小默继续往海里扔海菜。小默百思不得其解，问父亲："我们不是离开了危险区域吗，留一点海菜应该不会对我们造成影响的。"

父亲听后一脸严肃地说："刚刚留一半海菜是为了减轻重量、加快速度，防止小船在风浪的袭击下被掀翻。现在扔海菜则是为了减轻重量让我们快速到达岸边，因为现在风浪小一些了不容易把船打翻。虽然今天下午白辛苦了，没有了海菜，可明天还可以再捞，但若命没了那就什么都没有了。"

就在小默把那半船海菜扔完后还不到3分钟，新一轮的风浪又开始了。这时，卸下了重担的小船加速前进，很快便载着他们驶向了岸边。

舍得舍得，有舍才有得。不管任何时候，我们都要善观风向并密切注意"风向"的变化，如果风向不对，哪怕到手的"肥肉"再怎么诱人，我们也要果断舍弃。也只有懂得舍弃，我们才能让自己得到更大的收获。

舍小利换大利，才是人生的智者

有这样一个故事：

一位穷困潦倒的年轻人，向一位千万富翁请教怎样才能获得成功。

富翁没有正面回答，而是转身切了3块大小不一的哈密瓜，请年轻人先吃瓜。年轻人毫不客气地拿了最大的一块，富翁看到这一举动后便拿了最小的那一块。很快，富翁三下五除二便将那块小的吃完了，吃完后又赶紧拿起了剩下的那块不大不小的瓜，在年轻人面前炫耀了一番后就吃了起来。

原本以为自己占了便宜的年轻人，这时才恍然大悟：虽然自己拿的是最大一块，可最终吃到肚子里的却并没有富翁多。换个角度想，如果把三块大小不一的哈密瓜比作是三份利益的话，那自己这样的举动显然是失去了最大的利益。

从表面上看，富翁吃最小的一块显然有些吃亏，但实际上他却抢占了先机，步步为赢，率先拿到了第三块瓜。要知道，两块瓜的分量加在一起可比一块瓜的分量要大得多。

其实，人生也是这样，大多数时候只注重眼前的利益，以为自己手里的利益才是最大的，可等到事情做完时才发现自己原来是捡了芝麻丢了西瓜，花费大量的时间和精力，最终得到的却是一点点蝇头小利。

韩非子曾说："勿见小利。见小利，则大事不成。"一个人若盲目贪图眼前的蝇头小利，往往会在不经意间失去最大的利益。因此，我们一定要把自己的目光放得长远一些，看到他人所看不到的未来，这样才能让自己走得更远、更稳。

也只有懂得放弃眼前的蝇头小利，才能为自己谋取更长远的利益。

盛田昭夫是日本索尼公司的创始人，他是一个做事有勇有谋的人，这一点从他当初开拓美国市场时的一系列举动就可以看出来。

索尼最初是以生产小型的晶体管收音机"TR-55"一举成名的，且在当时的日本已经有了稳定的销量并站稳了市场。但盛田昭夫并不满足于此，他的梦想是让自己的公司早日打开美国等一些发达国家的市场。

想要进入美国市场谈何容易，当时的市场上还没有多少人见过那么小型的收音机，虽然一些商家觉得这款收音机很迷你、很可爱，却不敢大肆铺货。因此，盛田昭夫在开拓美国市场时步履维艰，并没有像在日本时那样顺风顺水。

但他并没有就此放弃，而是怀揣着一种信念，他坚信自己的产品一定能在美国市场上站稳脚跟，受到美国人民的喜爱。为了快速打开美国的市场，盛田昭夫决定给当地一些零售商家免费供货，并打出了免费试用的牌子。

靠着这一办法，盛田昭夫投放在市场上的收音机很快就引起了当地人的追捧。人们惊喜地发现，这种收音机不仅日常携带方便，且外观、功能、质量都堪称上乘。凭借这样的优势，盛田昭夫的这款小型收音机在美国迅速打开了市场，销量剧增。

就在盛田昭夫将自己的产品在美国市场上经营得如火如荼时，美国著名品牌宝路华的领导看到了索尼公司的未来前景，也想分一杯羹，便以订购十万台收音机为附加条件，要求盛田昭夫将索尼旗下的产品全部换成宝路华的品牌。

之所以会提出这样的要求，是因为宝路华公司领导认为：当时的索尼只是一个默默无闻的小企业，盛田昭夫能攀附自己这样拥有50年历史的大品牌公司，已经是"烧高香"了。但令他们没有想到的是，盛田昭夫断然拒绝了对方的要求。

对此，宝路华高层领导问盛田昭夫："和我们这样一个大品牌合作，你以后就不用愁销量的问题了，你为什么不愿意呢，难道你不相信我们品牌的实力吗？"盛田昭夫听完这话，振振有词地说："你只看到了我公司目前的发展，而我看到的却是公司50年后的发展，我有充分的理由相信，若干年后我的公司会成为一个世界著名的品牌。"

事实真的如盛田昭夫预料的那样，50年后的索尼真的成了一个世界著名品牌。反观盛田昭夫的创业之路，不正是放弃了眼前的小利益，才让自己在未来获得了更长远的利益吗？

当然，社会上像这样成功的例子还有很多，我们只要仔细观察就能发现，企业的经营发展状况如何，完全取决于决策者的眼光如何。只有企业决策者不被眼前的小恩小惠所诱惑，企业才能得到更长远、更稳定的发展。

舍小利换大利，才是人生的智者。任何一个人，想出人头地、获得成功，就一定不要被眼前的蝇头小利迷失了双眼，不要做贪小便宜吃大亏的事。要知道，一个人的成功与否往往蕴含于取舍之间，只有目光长远，懂得放弃眼前的小利，才能成就自己更美好的人生，才能收获更长远的利益。

第八章 校正：看错方向走错了路，及早回头就不算输

DIBAZHANG

生活中，有些人之所以忙忙碌碌却毫无建树，就在于他们选错了方向走错了路，想要避免这种情况，不管任何时候我们都要努力认清自己。唯有认清自己，才能明确未来的方向，去创造人生最大的辉煌。

若想前行的道路不局促，留白就要有度

每到一些法定节假日或中国的传统节日，人们都喜欢扎堆出行去往一些著名景点。尤其是"十一"黄金周和春节，这种假期稍长一些的节日，人们更是喜欢走出家门去旅游看风景。结果，风景没看到，人倒是看了不少。

但实际上，也只是看到了人的后脑勺，之所以这样说，是因为各地景点都是人挤人，走一步停十步，满眼望去除了人的后脑勺外，并没有看到什么好看的风景。

因此，后来有些人就学聪明了，为了避开国内的拥挤就选择了出国游。殊不知，国外的情况也好不了多少，因为有些人实在是太喜欢凑热闹了，哪里热闹就往哪里去。结果，一番热闹下来，风景没看到多少，情绪却面临崩溃，人也累得够呛。

在这种情况下，一部分人就逐渐变得理智起来了，选择旅游淡季出行，还有的干脆就哪儿也不去，在家附近约三五好友看电影、吃大餐叙旧了。这样子既联络了感情，又省时省力，可谓是一个应对假期的好方法。

有句话说"拥挤的景色，注定是局促的"，这话说得一点没错。当一个人置身于人山人海的"景色"中时，内心也会变得焦虑与不安，为什么呢？因为没有留白。

中国画的最高境界便是留白，留白的作品会蕴含一种特殊的意境。相信很多喜欢书画创作的人都知道，留白是为了让整个书画作品看起来更协调、更精美，为了给人们留下想象的空间，而故意留下的空白。

其实，我们的人生何尝不需要这样呢？也应像书画作品一样，适当地留白，这样我们在人生的道路上才能张弛有度，才能有节奏地掌握自己的生活。

但现实生活中，很多人都没有意识到这一点，尤其是结了婚有了孩子，面对工作与生活的压力，有些人便开始变得懒散起来。除了工作时打扮光鲜亮丽外，只要在家就是蓬头垢面，硬生生将自己变成了一个"黄脸婆""邋遢男"。

人生真的是因为孩子的加入就变得拥挤，就失去了从前的优雅和从容了吗？非也，生活中不乏一些人，即便面对着巨大的压力也一定将自己的生活过得从容不迫，让自己的人生过得精彩纷呈。

他（她）们不仅能平衡好家庭与工作之间的关系，把孩子教育得可爱乖巧，还能把自己收拾得精致、帅气，并留出一定的时间陪兄弟、陪闺蜜喝茶聊天看电影，让自己的每一天都过得无比充实。

这样的人，懂得给自己留白、给生活留白，不管走到哪里都能看到最美的风景，不管走到哪里都能将自己的生活经营得。

正所谓"距离产生美"，除了留白，我们对任何事物还要保持一定的距离感。尤其是身处迷茫和困惑中时，不要听到外界的风言风语就迫不及待去跟风，去效仿他人的行为。要知道，他人所追随的并不一定就是适合我们的，我们去跟风也不一定就能取得别人那样的成绩。

作家三毛当初因为受一本地理杂志的吸引，便背起行囊去了撒哈拉沙漠，之后她爱上了沙漠的狂躁，爱上了沙漠的星空，所以创作出了《撒哈拉沙漠》这样一本充满诗情画意的散文集，并写下了"每想你一天，天上飘落一粒沙，从此形成了撒哈拉；每想你一次，天上掉下一滴水，于是形成了太平洋。"这样的经典语句。

虽然，三毛去了一趟沙漠就能创作出这样经典的文学作品，但换作是我们，即便真的背起行囊去了沙漠，也不一定能创作出这样生动的作品，也不一定能发现她眼里的那份美景。很多时候，我们不能只看到别人笔下的浪漫和诗意，就忽略了他们生活里的苟且和不堪。

一个人若想看最美的风景，过最舒适的人生，成为生活最大的赢家，就一定要学会给自己的人生留白，为自己的心灵寻找一处最舒适的港湾，让自己疲惫的时候能有个地方靠下来歇一歇。

现在很多人都喜欢"随大流"，抱着"人多的地方一定会有好玩的、好吃的"这样的想法，盲目追随他人的步伐，哪里热闹便往哪里去，似乎只有这样才显得自己是在紧跟潮流，但其实，拥挤的人群中，我们除了得到满身的疲惫外，并没有获得任何实质的意义。

与其这样，倒不如放弃这种无谓的跟风，勇敢遵从自己的内心，率性而为活出自己的风采。这样，我们的人生才能过得洒脱随意，做独一无二的自己。

生活其实很简单，就如同一杯无色无味的白开水，肉眼看上去并无什么异样，但个中滋味如何，只有真正品尝的人才最有资格说话。我们与其羡慕他人光鲜亮丽的生活，抱怨自己的人生平淡无奇，倒不如试着去改变自己随波逐流的那颗心，勇敢开辟出自己的一片天地。

这样，又何愁见识不到美丽的风景呢？

当然，生活中也不乏一些"人心不足蛇吞象"之人，对生活的瑕疵和缺憾斤斤计较、耿耿于怀。但我们应该明白的是，人生哪有那么多的十全十美呢？面对生活的不完美，我们要做的就是坦然接受和面对，这样才能"不以物喜，不以己悲"，以一种豁达的胸襟与这个世界温暖相拥。

若想前行的道路不局促，留白就要有度。任何时候，我们都不要忘了给自己的人生留白，既不要被热闹的假象所蒙蔽，也不要被他人的只言片语所打倒。我们唯有怀揣着美好与希望，让自己前行的旅途不那么拥挤，才能有足够的空间与时间来成长为更优秀的自己，让自己的人生收获满满。

摆不准自己的位置，就找不清奋斗的方向

众所周知，在足球比赛中，每一位球员在球场上的分工都是很明确的，每个人都要恪尽职守做好自己的本职工作，虽然说偶尔也会有一些前卫、中卫、后卫进球的事，但仔细想想如果没有前锋打前站，打乱对手的节奏，那其他队友想要进球也非易事。

从某些程度上来说，球员能不能进球就在于他对位置的把控，如果他所处的那个位置恰当，球又正好传了过来，那么想要进球就会容易很多。

这事说起来容易做起来难，毕竟球场如战场，情况瞬息万变，想要赢得最后的胜利也绝非易事，这需要全组队员齐心协力、密切配合，每个人都要找准自己的位置，这样才能增加成功的可能。

其实，人生也如同踢球，每个人都要找准自己的位置，这样才能认清目标，才能努力为之奋斗。否则，摆不准自己的位置，就会将生活经营得乱七八糟。

可惜的是，很多人都没有意识到这一点。正因为他们没有认清自己，没有摆正自己的位置，所以才做出了一些令人哭笑不得的窘事。

王涛进入公司已经两年了，工作一直兢兢业业，并且是一个热心肠，总是主动帮同事们做这做那，但不知为何一直没有得到升迁。王涛百思不得其解，却又不好询问领导缘由，便在年初主动辞职了。

很快，王涛便找到了一份和前公司工作性质类似的工作。刚进公司时，王涛也和之前一样，工作认真、为人热情。领导看到王涛的表现，甚是满意，连连称赞人事部门这次是招到了宝。

可好景不长，不到两个月，就有同事陆陆续续到领导那告王涛的状，说他太过热情，总是自己的事情不好好做，却抢着做别人的事。刚开始，大家对于王涛的做法还是很欢迎的，可谁知他只在乎效率却并不注重过程，总是将事情做得乱七八糟。

最开始，领导没有当回事，可当越来越多的同事反映这个问题时，领导便开始重视起来了。一天，领导让王涛来自己办公室帮忙整理文件和资料，恰逢几个同事过来汇报工作。王涛一听同事们在说话，手里便放慢了速度，尤其是听到新员工考核制度与加薪标准时，整个身体更是不自觉地往同事这边靠了过来。

王涛的一举一动，领导都看在眼里。但碍于面子，他并没有说什么，只是提醒王涛资料整理完就可以出去了。

又有一次，经理和王涛的上司在餐厅吃饭，说起了不久后出国考察的事，经理让王涛领导推荐一个业务能力过硬的人随他出国洽谈业务。坐在隔壁桌的王涛听到这个消息后，便十分莽撞地冲过来毛遂自荐，这一举动让在场的经理愣住了。一时间，气氛冰冷到了极点，好好的谈话就这样被王涛给搅黄了。

几天后，领导便让还没过试用期的王涛离开了。至此，王涛终于明白了自己这么多年都没有升迁的具体原因了。

摆不准自己的位置，就找不准奋斗的方向。一个人若永远认不清自己，摆不准自己的位置，又如何去找准前行的方向呢？方向都找不准，想要出人头地、想要获得成功就绝非易事。

生而为人，每个人都有自己对应的位置，且这个位置会随着时间、环境的变化而不断变化。我们既不能故步自封，也不能好高骛远，而是应脚踏实地根据自己的实际情况来做出合理的判断与定位。

虽然刻苦努力、勤奋上进是一件值得赞赏的事，但急躁冒进却不可取。如果我们盲目的前行，而不考虑自己是否适合这个位置，是否能胜任这份工作，最终，我们就会像贪吃的老鼠一样，进得了米缸却出不了米缸。

不管何时何地，一个人都要努力看清自己，根据自身情况去扬长避短，去摆正自己的位置，才能认清未来的方向，才能行之有效地努力奋斗，才能事半功倍地完成自己的目标与理想。

那么如何才能看清自己的优势并找准自己的位置呢？很多人常常为此感到迷茫和困惑，其实，很简单，就是多看多问、勇于尝试。

正所谓"当局者迷，旁观者清"。一个人若对自己的优势与劣势难以区分，不知道自己适合做什么时，不妨去问问身边的人，或者多看看身边的亲朋好友对自己做事的态度，这样也就能知道个八九不离十了。也唯有多看多问，我们才能清楚地知道自己的真实状况。

除此之外，在认清自己、摆正自己的位置前，我们还需要对一件事情勇于尝试。一个人如果缺乏尝试的勇气，总是缩手缩脚，那他永远也不会知道自己到底适合什么，永远也摆不准自己的位置。

不要以为嘴巴能说的人都适合做销售，只有勇于尝试了，我们才会发现嘴巴能说只是跨入销售大门的一张通行证而已。想要在销售界混得风生水起，还需要具备百折不挠的勇气与过硬的专业知识，这些条件缺一不可。

但这一切，如果我们不去尝试，又如何知道自己适不适合呢？不去尝试，又如何知晓事情的对与错呢？世间任何事，我们只有尝试了，才能认清自己、认清前进的方向，才能将不可能变为可能。

打个比方，如果擅长摄影，自认为可以做一个很好的摄影家，于是我们果断尝试，但尝试过后我们却发现因为身体的原因，自己并不适合长时间在外面采风。但由此，我们也发现自己对色彩的捕捉及搭配特别敏感，这样看来，杂志主编的工作或许会更适合我们。

老子曾说"知人者智，自知者明"。一个人只有认清自己的内心，清楚自己的需求，才能摆正自己的位置，找准奋斗的方向，从而"在其位，谋其政"，让自己的价值得到最完美的呈现，让自己的人生收获更大的成功。

坦然面对，缺憾也是一种美

尘世间，每个人都渴望自己的人生十全十美，可是十全十美从来都只存在于人们的想象中。人生不如意之事十之八九，当我们在成长的岁月中，历经了生活的挫折与洗礼后，人生必然会留有许多缺憾。当缺憾不可避免地出现时，我们又该如何坦然面对呢？

有些人一看到自己的人生出现了缺憾，就倍感惆怅，甚至觉得人生就像一场炼狱。

殊不知，缺憾有时候也是一种残缺的美，就好像"月有阴晴圆缺""日有东升西落"一样，有些缺憾既然是无法改变或避免的，我们就没有必要唉声叹气、怨天尤人。哪怕我们无法改变那些客观存在的事实，但我们却可以端正态度、勇敢前进，尝试改变自己的心态。

不管缺憾给我们带来了什么、让我们经历了什么，我们都不要在缺憾中自暴自弃。我们要做的就是努力提升和完善自我，以一颗乐观积极的心态去面对人生的缺憾，这样才能让自己心态平和、不骄不躁，才能在缺憾中成就更好的自己。

1955年9月，一个叫张海迪的小女孩出生在山东济南，5年后，小海迪因患血管瘤导致高位截瘫，胸部以下完全失去知觉。此时，年仅5岁的小海迪便成了一个整天与轮椅为伴的残疾人，这也注定她的人生将从此与众不同。

由于身体原因，张海迪无法像那些正常孩子一样自由进出课堂学习，她只好待在家中自学了小学、初中、高中的全部课程，以此来满足自己对知识的渴望。15岁时，她跟随父母上山下乡到了山东聊城，在那里她利用自己所学的知识，给村里的孩子当起了老师。

看到村民们看病艰难，她便利用空余时间自学针灸，免费为村民们看病。后来，她甚至还自学了无线电修理，也是为了给当地的村民提供方便。之后，张海迪跟随返城的父母回到了济南。

回城后，虽然她没办法为孩子们教课为村民们看病，但她也没让自己闲下来，而是利用一切时间，自学了大学英语、德语、日语、世界语，攻读了硕士研究生。

虽然她没有上过学，但她却从未放弃对知识的渴望；虽然她的人生历经坎坷，但她却从未向命运低头。她一路向阳，积极面对人生的缺憾，让缺憾激励自己不断成长和进步，努力将自己的才能与优势发挥到最大，努力为这个社会创造价值。

1983年，坐在轮椅上的张海迪正式开启了她的文学创作之路，先后翻译了《海边诊所》《丽贝卡在新学校》《小米勒旅行记》等多部英文小说，还创作了长篇小说《轮椅上的梦》《绝顶》，散文集《生命的追问》《向天空敞开的窗口》《鸿雁快快飞》等。

她的小说《轮椅上的梦》早已经走出国门，相继在日本和韩国出版，《绝顶》更是被中宣部和国家新闻出版署列为向"十六大"献礼重点图书，"五个一"工程图书等多个大奖，而她本人更是被人们称赞为"80年代新雷锋""当代保尔"。

就连前国家领导人邓小平都为张海迪亲笔题词："学习张海迪，做有理想、有道德、有文化、守纪律的共产主义新人！"

虽然，张海迪的人生有着巨大的缺憾，也有着我们常人无法忍受的痛苦，但她的一生却是充满挑战的一生，与众不同的一生。高位截瘫带给人的痛苦与磨难很多人光是想想就觉得不可思议，更何况还要在轮椅上创作，可对于张海迪来说，恰恰是这些缺憾成就了她的，让她在文学创作上获得了极大的成功。

坦然面对，缺憾也是一种美。人生在世，我们每个人都会遇到一些不如意的事，随之而来的还会有形形色色的缺憾。

当缺憾来临时，如果我们轻易妥协，那最终我们就会被这些挫折击垮，让自己的人生变得平庸。反之，若我们像张海迪那样积极面对人生的缺憾，在缺憾中成长、蜕变，那我们便可将命运的主动权牢牢掌握在自己的手里。

人生难免有缺憾，当缺憾来临时，我们唯有正确对待、坦然接受，才能将自己的人生经营得如火如荼，才能心无杂念地勇敢创造人生的辉煌。

别让你的忙成为瞎忙

"一寸光阴一寸金，寸金难买寸光阴"，浅显易懂的道理，很多人都明白。在这个充满激烈竞争的社会中，我们每个人都要合理安排时间、高效利用时间，把自己的时间花在最值得做、最想做的事情上，只有这样才不算浪费光阴，才能让自己的忙碌成效卓越。

抱着这样的想法，很多人便让自己变得忙碌起来，似乎不让自己忙起来就是在浪费时间、浪费生命。可事实真的是这样吗？不管忙什么内容，只要不让自己闲下来就是对自己负责任的方式吗？

显然不是，忙也分很多种，如果只是一味地瞎忙，却没有创造出自己的价值，没有体现出自己的才能，那这样的"忙"又有何意义呢？

有些人，可能并没有真正理解"忙"的含义。所谓"忙"，并不是让我们看起来忙碌，而是让我们在一些特定的时间里，朝着自己的目标与理想去努力奋斗，高效率地解决一些问题，让自己的生活变得充实有意义，这样的"忙"才是正确的、有意义的。

如果我们的忙碌只是一味地瞎忙，实际却没有做出任何有意义的事情，那我们就要反思自己的行为了，这样的"忙"给自己的生活带来了什么？是不是面对堆积如山的工作感觉无从下手呢？是不是每天在凌乱的办公桌上找资料都要花费很长时间呢？

如果瞎忙带给我们的是这种情况，我们就要从现在开始将办公桌上的资料做一番整理，将手头的工作分门别类，按轻重缓急做一个划分。只有这样，才能让办公环境看着赏心悦目，才能提高做事的效率，也唯有效率提高了，我们的生活才能感到轻松与舒适。

黄飞是一家上市公司的经理，一天他去拜访一位老同学。正当他坐下准备与老同学畅谈时，对方电话突然响了，老同学接完了这个电话后，电话又响了，都是公司内部一些很紧急的事情。

好不容易等老同学接完了电话，公司同事又过来向老同学请教一个十分棘手的问题，黄飞因此被这位老同学晾在了一边。二十分钟后，当同学处理完所有事情并向黄飞表示歉意时，不可思议的一幕出现了——

黄飞并没有因为被同学干晾在一边而生气，而是一脸微笑着说："没关系，老同学，从你刚才处理工作的效率上，我已经达到了此行的目的。回去后，我将试着做出改变，在此之前，我想看下你的办公桌抽屉。"

老同学点点头，满足了黄飞的要求。抽屉打开后，黄飞看到里面除了一些资料和几本书外，再无其他，便十分好奇地问："你那些没有处理完的工作呢？"老同学回答："当天的事情当天都会做完，绝不会积压到第二天。"

一个月后，黄飞热情邀请这位老同学去参观他的办公室。见到干净整洁的办公室，老同学十分惊讶，要知道以前黄飞的办公室就像是菜市场一样，资料和文件到处摆放，需要用的时候经常找不到，即便找到了也要颇费一番周折。可这次一见却完全变了样，整个办公室看不到一点凌乱的样子。

黄飞特意拉开自己的办公桌抽屉，对同学说："你也知道，以前我的办公室因为桌子多、地方大，所以资料和文件总是随意摆放，再加上我又没有今日事今日毕的习惯，使我每天都看起来都好忙，没有时间陪家人，没有时间参加同学聚会。可自从上次与你畅谈，回来后，我便花了几天时间将所有积压的事情全部做了清理，现在我也像你一样当天的事情当天做完，这样坚持一段时间后，我发现自己做事的效率提高了，公司的业绩也开始提升了，我再也没有因瞎忙带给我的紧张与烦恼了。"

毫无疑问，一个人只有做到今日事今日毕、不耽搁、不拖延，才能提高做事效率，才不会让自己看起来忙忙碌碌却毫无成效。

那些看起来整日瞎忙却没有创造出任何业绩的人，不妨先停下手里的工作，花一点时间把桌子整理干净，把文件分门别类，把每天要处理的事情进行排序。做完这些准备工作后，再去一件一件处理手头的工作与身边的其他事情，这样你就会发现所有事情不止进展得很顺利，还避免了忙中出错的可能。

香港首富李嘉诚，手下有那么多公司和员工，自己每天也有堆积如山的工作要处理，可他依然坚持每天6点前起床，之后看新闻、打高尔夫，8点准时开始一天的工作，一年四季雷打不动，所以他才能将偌大的公司管理得井井有条。

格力董事长董明珠，也是每天早上6点就起床，开始一天紧张而忙碌的工作，既要抓市场和财务，还要管理公司诸多事物。但她清楚地知道自己的目标与需求，所以她每一天的忙碌都很充实、有意义，最终让格力空调成了"世界名牌"产品。

别让你的忙成为瞎忙，不管任何时候，一个人要忙得有意义、有价值，才能给自己的人生创造辉煌。否则，一味瞎忙只会让自己永远看不到尽头，永远看不到成效。

因此，我们应该摒弃瞎忙、穷忙带给我们的不良恶习，从现在开始赶紧行动起来，让自己有计划、有目标地忙碌。唯有这样，我们的工作效率才会提高，生活状态才能变得轻松，未来规划才能更加明确。

幸福的生活，须建立在适合的基础上

生活既可以平淡如水，也可以活力四射，一个人把生活过成什么样子，完全取决于自己。因为生活没有好坏对错之分，只有适不适合一说。

打个比方，如果把生活比作一件衣服，价格越贵就代表材质越好，那么材质好穿在我们身上就一定好看吗？不一定，一件衣服穿在身上好不好看，还得看跟身材适不适合。只有适合自己身材、气质、形象的衣服才是最好看、最适合的，也只有适合我们的才能提高回头率，才能受到众人的称赞。

生活也是如此，正如俄国批判现实主义作家托尔斯泰在《安娜·卡列尼娜》这部小说中说的那样："幸福的家庭都是相似的，不幸的家庭各有各的不幸。"如果我们明知有些生活不适合我们，却还在苦苦追求众人眼中的光鲜亮丽，那这样的做法也太不明智了，因为这根本就是在做无谓的挣扎，对我们的人生没有任何意义。

有只小毛驴每天都在重复着拉磨的工作，为此它感到十分辛酸和无奈，尤其是看到哈巴狗每天摇尾巴卖萌就能得到主人的喜欢时，内心就越发难受，它觉得自己太不值了，心想：不就是摇摇尾巴、卖个萌吗，这么简单的事谁不会呀！

小毛驴在拉磨时，发现拴在自己脖子上的绳索由于长时间的打磨而断裂了。看到绳子断了，小毛驴非常高兴，它决定利用这个难得的机会去主人面前表演一番，借此提升自己的待遇。

可谁知，小毛驴庞大的身躯在主人面前根本得不到尽情地施展，它一摇尾巴就把主人摆放在桌子上的东西全都打翻了，一卖萌就把主人给吓倒了。最终，挨了一顿打的小毛驴只好乖乖地回去继续拉磨。

很多时候，我们也常常犯下和小毛驴一样的错误，总是对他人光鲜亮丽的生活羡慕不已，大有不撞南墙不肯回头的势态，可撞了南墙才恍然发现，只有适合自己的生活才是最好的生活，才能从中获得幸福与快乐。

德国法兰克福的钳工汉斯·季默，从小便迷上音乐，他的心中自然就有这样一张"人生导航图——当音乐大师，尽管买不起昂贵的钢琴就自己用纸板制作模拟黑白键盘，但他练贝多芬的《命运交响曲》时竟把十指磨出了老茧。后来，他用作曲挣来的稿费买了架"老爷"钢琴，有了钢琴的他如虎添翼，并最后成为好莱坞电影音乐的主创人员。

他作曲时走火入魔，时常忘了与恋人的约会，惹得许多女孩骂他是"音乐白痴"、"神经病"。婚后，他帮妻子蒸的饭经常变成"红烧大米"。有一次他煮加州牛肉面，边煮边用粉笔在地板上写曲子，结果是面条煮成了粥。妻子对他很客气，不急不怒，只是罚他把糊粥全部喝掉，剩一口就"离婚"。

他不论走路或乘地铁，总忘不了在本子上记下即兴的乐句，当作创作新曲的素材。有时他从梦中醒来，打着手电筒写曲子。

汉斯·季默在第67届奥斯卡颁奖大会上，以闻名于世的动画片《狮子王》荣获最佳音乐奖。这天，是他的37岁生日。

我们羡慕那些成功人士所获得的鲜花、掌声，却常常忽略了在这些成功背后的艰辛。我们出生时条件并不重要，重要的是拥有去争取一切我们想要的东西——"人生导航图"。

　　一个人想要过一个理想完满的人生，就必须先拟定一个清晰、明确的人生导航图。

　　所谓"人生导航图"，就是指人生的目标与理想，而为了达到这个目标，就必须运用合理而有效地克服危机"战术"——为了实现目标而采用的手段。

　　由于"战略"、"战术"有时具有特定的意味，有些人以为是为别人而设的，其实是针对自己而言的。我们这里所说的"导航图"具有理想性和崇高性，而"战术"则具有合理性和实用性——是用正当而合理有效的手段为克服生存危机，寻找带有积极和先进的目标。

　　有了目标，人生就变得充满意义，一切似乎清晰、明朗地摆在你的面前。什么是应当去做的，什么是不应当去做的，为什么而做，为谁而做，所有的要素都是那么明显而清晰。

　　于是，我们就会为了实现这些目标而发挥更大的心力，一条克服危机而发挥优势的状态便可灿然显现。在为实现由危机导向优势的过程之中，人生的乐趣与韵味显现其中，于是生活便会添加更多的活力与激情。此时我们自身隐匿的潜能也会迸发出来。经常有意识地创造出这样的情势会使人生更加成功、更加丰富的原则、原理，这就是"人生导航图"。这对于那些积极向上、渴望改变生存危机的人们来说，无疑是一个人生的指针。

　　诚然，积极面对问题、解决问题是很重要的，但前提是我们一定要找到最适合自己的方式，这才是重中之重，才是对现在的我们、未来的我们一种最合理、最负责任的安排。也只有选择了最适合自己的，我们才能得到更好、更稳、更长远的发展。

　　比如，每个人刚毕业踏入社会参加工作时，如果一个月赚3000元就很知足，可真赚到了3000元后又想赚5000元。当5000元的要求被满足后，又想赚10000元，且每次都会自我安慰，等我赚了足够的钱后我就停下来歇一歇。

可真到了那一天，我们还能停得下来吗？当然不能，因为过多的欲望让我们不敢停，只能奋起直追。可一番追逐下来，却发现这样的生活并不适合自己，不仅会让自己变得疲惫不堪，还会让自己与身边的亲人、朋友渐行渐远，在欲望的迷失下，我们已经记不清有多久没有陪他们吃饭了，有多久没有和他们联系了。

诚然，努力奋斗追求高层次的生活没错，但我们一定不能好高骛远，应从自身条件出发，凡事量力而行、尽力而为。

打个比方，如果在海边捡贝壳，我们总认为最大、最漂亮的那一个在后面，即便我们从天明捡到天黑，恐怕也捡不到最好的。只有明白了"适合自己的才是最好的"这样一个道理，我们才能不求大、不求美，最后挑选出一个称心如意的贝壳。

幸福的生活，须建立在适合的基础上，不管是生活还是工作，适合自己的生活方式，适合自己的生活状态，才能让我们喜笑颜开、幸福快乐。

哪怕，目前的生活不如意，不适合我们，我们也可以努力打造出最理想、最需要、最适合自己的生活方式，也唯有适合自己的生活，才是最舒适安逸的生活，最幸福快乐的生活。

不懂得平衡生活与工作的人，注定走不了远路

曾经有人说过这样一句话："懂得闲适的人，才是真正智慧的人。"的确，一个人若整天只顾着埋头苦干，而忽略了身边的亲朋好友与自身健康，那将是一件得不偿失的事。因为没有健康的身体，没有亲情与友情的维系，生活将过得索然无味、百无聊赖，这样的人生将会无趣又无味。

即使工作再忙，我们也要学会见缝插针，学会忙里偷闲，让自己保持工作与生活两者之间的平衡。否则，忙碌的生活状态只会让我们像一个拼命旋转的陀螺一样，这种情况下我们又如何有足够的时间与精力去好好工作、好好生活呢?

要知道，透支了健康和生命，再好的成就与喜悦也显得无关紧要、可有可无。

我们必须明白这样一个道理：虽然工作可以给我们带来财富成就感，但生活并不是只有工作，还有家人和朋友，还有很多事情要面对。即使工作再忙碌，我们也要留出时间来品味生活、热爱家人、锻炼身体。也只有平衡了工作与生活之间的关系，我们才能在未来的某一天收获皆大欢喜的场面。

否则的话，就会像下面案例中的吴波那样，失去一个健康的身体。

吴波是一个十分要强的人，大学毕业后就进入了现在供职的这家公司做策划，为了提升能力、做出业绩，吴波经常在公司加班加点。好在他聪明，学习新鲜事物也快，很快就成了策划部的一员大将，只

要是他经手的策划方案，在会议上都能一次通过，得到客户的认可与喜欢，吴波的勤奋好学更是赢得了上司对他的好感。

转眼间，吴波在这家公司已经工作了五年，在此期间，他建立了自己的策划小团队。为了每次都保持第一，为了得到客户的进一步认可与信赖，更为了树立自己在行业的口碑，吴波经常连轴转地工作，有时加班到凌晨两三点，他就在办公室里随便凑合一宿，忙起来更是饭都顾不上吃。

就这样忙忙碌碌工作了大半年，直到前段时间，吴波突然感觉整个人非常疲惫，不仅视力开始下降，还时常感觉呼吸不顺。刚开始吴波没太在意，直到情况越来越严重，他才抽空去了趟医院。

结果比他想象的要严重，医生建议他立即停止手头的工作，放松身心好好休息，否则的话，吴波的眼睛将面临失明的危险。听完医生的话，吴波这才意识到问题的严重性，才知道自己忽略了工作与生活的平衡，以至于身体超负荷运转发。

在我们的周围，像吴波这样的人其实还有很多，为了追逐名利，却忽略了生活的本质，只有当身体亮起红灯、发出信号时，才后悔没有早早平衡好二者之间的关系。虽然，追逐功成名就的生活可以让我们的生活质量得到提高，让我们有足够的财富来支撑自己的消费，但丢掉了赖以生存的健康之后，这一切将变得毫无意义。

所以，累了的时候，别忘了善待自己，让自己好好休息，也只有休息好了，我们才能元气满满、精神抖擞地去开启明天的新生活。

生活中，我们经常听到有人将"人在江湖，身不由己"这八个字挂在嘴边，大谈特谈自己所做的一切都是迫不得已。实际上，生活哪有那么多迫不得已呢？无非就是我们担心自己能力不出众给部门拖后腿，害怕领导的批评；担心其他人在认真工作而我们却在放松懈怠，会给领导、同事留下一个做事懒散的印象。

最终，在每天的担惊受怕中，身体内的能量开始一点一点消失，直到身体的病痛难以忍受时，我们才开始追悔莫及。

其实，适当地让自己的身体停下来歇一歇，并不会产生什么重大的影响，毕竟我们自己也需要释放心中的压力与情绪，只有这一切得到了合理有效的释放，我们才能一身轻松，去享受生活，去为未来努力打拼。

享受生活并不是让我们只顾享受，却放弃自己的人生目标与追求，而是让我们在忙碌工作的同时，学会劳逸结合、学会放松心情，这样做不仅可以缓解焦虑带来的紧张，还可以提升工作效率，何乐而不为呢？

比如，在星期天去超市采买一些生活的必需品，并做一顿大餐来犒劳自己；打扫家里的卫生，让家里窗明几净，努力为自己营造舒适的家庭氛围；看场电影、喝杯咖啡，让自己疲惫的心情得到适当的放松；在中午吃饭时听一首音乐，或与同事讲讲自己的所见所闻来消除工作的烦恼。

不管是哪种方式，都可以让我们紧绷的神经得到缓解与放松，也只有整个身心得到了放松，我们才能以更好的状态投入工作，去享受生活的美好。

不懂得平衡生活与工作的人，注定走不了远路。一个人若没有一个好身体，又拿什么去奋斗、去前行呢？没有好身体，这一切只能是枉然。只有懂得合理安排、懂得善待自己的人，才能用一个健康的体魄去打拼、去奋斗，去享受未来的幸福生活。

一个人的生活状态决定了他的人生状态，人生状态将直接决定着未来的生存状态。若不想提前透支健康、透支生命，我们就要在工作之余用一些娱乐活动来放松自己，也只有平衡好了工作与生活二者之间的关系，我们才能在成功的道路上走得更远、更稳。

第九章 | 看穿：在复杂的时代里，做个安然无恙的明白人

DIJIUZHANG

　　生活不止眼前的苟且，还有诗和远方。在面临生活的打击与挫折时，我们要"宠辱不惊，看庭前花开花落；去留无意，望天上云卷云舒"，在这个复杂多变的时代里，做一个安然无恙的明白人，以一颗淡定从容的心态去笑对生活、笑看人生。

用从容不迫的态度，过随遇而安的生活

俗话说"有钱能使鬼推磨"，看起来这世间似乎没有钱买不到的东西，但真的是这样吗？当然不是，因为逝去的时间是花再多的钱也买不回来的。

正因为大家都明白"时间就是生命"这句话，所以很多人都想与时间赛跑，争取在有限的时间里做出无限的事，可最终的结果却是把自己整个人都弄得身心俱疲。

身心俱疲真的让生活如意了吗？未必。既然如此，为什么不能让自己的生活过得从容一些呢？哪怕每天都有许多焦头烂额的事情要去处理，但只要我们能淡定从容一些，能豁达大度一些，相信再难解决的问题也能轻松化解。

阳光明媚的午后，父亲带着儿子来到家里的后院，一起打扫树上吹落的枯枝残叶。儿子看着满地的落叶，对父亲说："落叶也是一种肥料，我们可以去撒点种子！"

父亲听完儿子的话，说："不急，随时。"

种子拿到手后，父亲对儿子说："现在去撒种子吧！"

儿子屁颠屁颠地跑到田间去撒种子，谁料种子刚撒完，便吹起了一阵大风，将刚刚撒下的种子吹走了不少。儿子一脸焦急地对父亲说："您看，种子都被风给吹跑了。"

父亲一脸平静地说："没关系，被风吹走的都是不成熟的种子，即使撒下去也不能生根发芽，随性。"

过了一会儿，从天空中飞过来几只小鸟，鸟儿在刚撒完种子的田间一阵刨食。儿子急了，连忙驱赶着鸟儿，并向父亲汇报："不好了，留在地里的种子又被鸟儿偷吃了。"

父亲一听，说："不用担心，种子多着呢，它们吃不完，随遇。"

晚上，突然下了一阵狂风暴雨。儿子一边哭一边哽咽地对父亲说："今天的努力全白费了，辛苦撒下的种子都被大雨给冲没了。"

父亲非常淡定地说："没了就没了吧，即使它不在田间地头生长，也可以在别的地方生根发芽，随缘。"

一个星期后，田间地头开始有新芽冒出来了，就连之前没有撒过种子的地方也长出了许多新绿。儿子见了满心欢喜地说："父亲，快来看，种子已经生根发芽了。"

父亲听后，依然平静地说："嗯，就是这样，随喜。"

随时、随性、随遇、随缘、随喜，这简单的十个字，却告诉了我们这样一个道理：世事变幻无常，只要我们能保持内心的淡定与从容，"不以物喜，不以己悲"，我们就能笑到最后，成为人生的赢家。

每个人的一生，都会走过山川河流，跨过荆棘草丛，一路走来虽然历经艰难险阻，但不可否认的是，能够走到最后的人一定会欣赏到最美的风景。诚然，阳光总在风雨后，美景总在挫折后，但人的一生何其短暂，如果我们只顾埋头赶路而忽略了眼前所拥有的美景，那也只能让人生空留遗憾。

生活中，只顾埋头赶路的大有人在，他们步履匆匆，总是一刻不停地追赶着他人，却从不肯停下来看一看身边的风景。直到有一天，他们累了，追不动了，待韶华已逝时，才幡然醒悟，自己错过了生命中最光辉灿烂的美好时光。

张伟是一位赫赫有名的企业家，他之所以能有今天的佳绩，离不开他长期以来对梦想的坚持与执着。他从十几岁开始就在外面打工，一年四季忙忙碌碌，从来没有好好休息过，他想等以后当了老板就可以停下来好好休息了。

工作几年后，他凭借着自己的努力终于盘下了一个店面，做起了老板。可做了老板后，他又在心里告诫自己，生意才刚刚起步，不能松懈，抱着这种想法，他没日没夜地忙。他想，等过几年生意稳定了就可以停下来好好休息了。

几年后，他的生意步入正轨，开始稳定下来了，还开了分店，每家店生意都非常好。随着生意越做越大，资产越来越多，此时他又不敢随意放手了，害怕别人将自己辛苦打下的"江山"给败了。于是，他拜访客户、管理账目、外出谈业务，事事亲力亲为，恨不能24小时当48小时用。

看他实在太忙碌，身边的人劝他："离开你地球照样转，你就不能停下来好好休息吗？即便你不做，你的店还是会照常运转的。"

可张伟却说："不行，我不能停，如果我停下来，那周围的同行就会立马超过我，待那时，我再想追上他们可就难了。"

又过了几年，张伟追不动了，他累倒了，只能躺在病床上休养。从一个旋转不停的陀螺突然间停了下来，张伟有些不习惯，他一直在想自己什么时候才能康复出院呢？自己还有好多事情没做呢？

直到有一天，他同病房的一个病友做手术后再也没回来，他才开始慌了。要知道，那个病人还是个年轻的小伙子，做手术前还说等病好了要去祖国的名山大川走一走、看一看，可谁知下一刻便离开了人世。

看着旁边空空如也的病床，张伟突然醒悟过来了：自己为了追逐名利却从不注重健康，不肯停下来歇歇，如果不是这次生病，恐怕还不知晓生老病死往往就是一瞬间的事，即使自己拥有了足够多的财富，可没有了健康，这样的人生又有何意义呢？

想明白了这点，张伟在出院后就做出了改变。虽然还在继续经营生意，但他却不像之前那样去拼命追赶了。他会在闲暇之余，去打高尔夫、看电影、喝咖啡、旅游等，他懂得了生活的真谛，也放下了心灵的重担，学会了坦然面对生活。

用从容不迫的态度，过随遇而安的生活。每个人的心中都有一颗永不服输、不甘落后的好胜心，诚然，好胜没错，虽然它可以更好地激励我们前进，但若一味地争强好胜而忽略了眼前所拥有的一切，恐怕再健康的身体也会因为负重难行而轰然倒塌。到那时，我们又如何去实现梦想呢？

既然如此，我们为什么不试着敞开心扉，让自己从容一些、淡定一些呢？也唯有学会了从容不迫、随遇而安，我们才能遇事不骄不躁，才能更好地立足于这个社会，坦然应对生活的酸甜苦辣。

修得平常心，看淡世间事，做人才轻松

生活中，有些人只要经历一点挫折痛苦，就开始满腹抱怨：觉得命运对自己不公，觉得自己运气不好，总之生活一地鸡毛，似乎哪儿都不满意。

诚然，随着生活的压力与复杂的社会竞争关系，每个人的生活或多或少都有不如意的时候。若因为不如意就悲观厌世，就对人、对生活怨声载道，实在是一件很蠢笨的做法，因为抱怨根本解决不了任何问题，只会将自身的情绪变得越来越糟糕。

每个人都要经历重重磨炼与苦难之后，才能收获最终的甘甜。有些人之所以爱抱怨，就在于他们过于计较得失，把大事小事都看得很重，使自己在层层重压之下喘不过气来。若他们能适当调整自己的心态，以一颗平常心去对待人生的得与失，那他们的人生也就不会一直沉浸在悲伤哀怨中了。

生活就好像一颗话梅糖，有酸也有甜，若我们初尝时觉得酸，便认为所有的话梅糖都是酸的，不肯再进一步尝试，那恐怕我们永远也尝不到里面的甘甜。

生活就好比一面镜子，当我们对它微笑的时候，它也会报我们以同样的微笑；当我们对它怒目圆睁，它同样也会对我们怒目圆睁。

对于生活，每个人的理解与感受都是不同的，即便外人形容的再美好、再精彩，我们也只有亲身经历了才能品尝出个中滋味，才能判断出哪种口味才是最适合自己的，从而临危不乱，轻松应对生活。

一个人的生活过成什么样子，完全取决于自身的心态，与其抱怨生活的不公，倒不如调整好自己的心态，满怀热情并坦然面对生活的酸甜苦辣。不管生活给予我们怎样的苦难，都要怀揣希望勇敢前行，唯有如此，才能让生活过得轻松，让人生过得惬意。

枝枝刚参加工作时就着急忙慌地把自己嫁出去了。结婚两年后，枝枝怀孕了，为了照顾家庭、养育孩子，枝枝便辞了工作，专心在家相夫教子。

幸福的生活总是很短暂，当孩子3岁时，枝枝的老公出轨了，知道消息的那一刻，枝枝感觉天都要塌了。周围的亲朋好友都劝她，看在孩子的分上就原谅老公一次，但枝枝是一个对感情有洁癖的人，她无法容忍老公的背叛，便毅然决然地带着孩子离开了那个家。

离家后，她把孩子送进了幼儿园，就开始马不停蹄地找工作。因为缺乏足够的工作经验，再加上中途与社会脱节了几年，一时间很难找到满意的工作，但这并没有让她产生逃避和退缩的念头。

找不到合适的工作，她就去超市当理货员，去商场做导购，总之只要能够让自己快速成长起来、能够让自己自食其力的工作，她都愿意去做。虽然生活过得忙忙碌碌，但她的心里却倍感踏实，因为她已经有足够的能力去养活自己、养活孩子了，不管未来的路通向哪里，但她至少已经看到了生活的希望。

某天，出国归来的闺蜜来看望枝枝，发现枝枝已经和最初离婚时判若两人。从她身上看不到一点悲伤的印记，而且整个人也越活越洒脱了，就连向来不注重仪式感的她也开始注重生活的情调了。

看到茶几上摆放着一束鲜艳欲滴的黄色小雏菊，闺蜜知道枝枝整个人已经从过去的痛苦中彻底走出来了，但她还是忍不住打趣道："亲爱的，看来你终于学会放下了，现在重新找回了生活的乐趣，是不是觉得每天都特别有激情？"

"是的，从今往后，我要做一个幸福快乐的人，努力经营好自己的后半生。"枝枝掩饰不住脸上的喜悦，高兴地说。

修得平常心，看淡世间事，做人才轻松。一个人只有看淡了生活的苦难，才能卸下心灵的重担，从而轻松愉悦地笑对生活。对于枝枝来说，她能勇敢地迈出这一步，从一个事事依赖老公的家庭主妇蜕变成一个坚强独立的女性，实在是一件可喜可贺的事，毕竟这需要太多的勇气与胆量。

就像之前火爆荧屏的电视剧《我的前半生》里面的罗子君，也同样遭遇了这一幕，从一个无忧无虑的陈太太，瞬间跌入了谷底。最初，她也曾伤心欲绝，也曾迷茫徘徊，但好在她没有自暴自弃，没有一蹶不振，而是在好友唐晶和贺涵的帮助下，渐渐走出了困境，蜕变成一个坚强独立的新时代女性，迎来了事业上的成功。

不管是枝枝还是罗子君，不管是男人还是女人，不管生活给予了我们怎样的打击与磨难，我们都要以一颗平常心待之。也只有看淡了这一切，我们才能苦尽甘来，努力支撑起自己的那一片天空，才能创造属于自己的的精彩。

把每一个艰难的日子都过成诗

"生活不止眼前的苟且，还有诗和远方"，很多人在面对生活的打击与挫折时，都习惯于用这句话来安慰、鼓励自己，给自己制造希望。的确，人生若没有了希望，没有了信念的支撑，这样的人生又有什么值得留恋和回味的呢？

所以，不管生活给予了我们怎样的磨难，我们都要怀揣希望与美好，把每一个艰难的日子过成诗、过成画，把每一个平凡的日子过得有仪式感。只有这样，我们才能在每一个如诗如画、有仪式感的日子里，将自己的生活营造得舒适与惬意。

人生就是一个不断挑战、不断超越自我的过程，但或多或少我们都会面临一些心有余而力不足的事情，受此求而不得的心理影响，我们内心就会感到痛苦与忧伤，但这一切都是不可避免的，毕竟每个人的成长之路都不是一帆风顺的。当一个又一个艰难的日子来临时，我们要做的就是以一种乐观积极的心态充分发挥自己的才能，把乱糟糟的日子过出诗情画意的情调。

虽然，每个人对人生的定义与追求不同，但最终的目标却都是奔着成功而去，希望自身价值得到完美体现，希望自己的生活过得幸福美满。但其实，一个人过得幸福与否，与功名利禄没有直接的关系，只要心态平和，凡事不较真，纵使生活一地鸡毛，也能欢歌前行。

正如有句话所说"心若向阳，无畏悲伤"，一个热爱生活的人，不管人生历经了怎样的苦难，也能从琐碎的小事中感受到幸福，也能迎着初升的太阳一路奔跑，去创造自己的幸福生活。

　　沐沐是一个外表柔弱、内心强大的女孩，毕业时，她放弃了留在大城市继续深造的机会，在父母的劝说下回到老家镇上，做了一名小学老师。日复一日，年复一年，很快，沐沐便厌倦了小镇上这种平淡无奇的生活。

　　为了不让自己在未来的某一天后悔，也为了给自己的人生创造机会，沐沐瞒着父母辞去了工作，毅然决然地踏上了北上广的列车。直到在千里之外的异乡安顿好了自己后，沐沐才告知父母这一切，父母虽然伤心难过，但一切已成事实，也只得叮嘱沐沐在外要好好照顾自己。

　　异乡的日子并不如想象那般美好，人生地不熟，一切都得从头开始。为了节省开支，沐沐租的是那种最简易的小平房，除了空荡荡的房间，里面什么家具都没有，沐沐只好从二手市场淘了一些简单必备的家具回来。

　　有了落脚的地方，但日子也不能太寒酸，为此沐沐又将公司不用的废弃窗帘拿回来加工处理，做成了漂亮的窗帘；把喝完牛奶的玻璃瓶洗干净后当作了花瓶，插上了自己从路边采摘的野花。总之，一切能够有效利用的废物，到了沐沐手里，都能被她折腾出花样来，并给人焕然一新的感觉。

　　虽然，每天的工作忙忙碌碌，挣得也不多，但从事着自己喜欢的工作，回家看到自己用心经营的小家在一点一点向好的方向发展时，沐沐的疲惫便一扫而光。

　　有一天，同事到沐沐家坐客，看到沐沐将自己租住的房子整理得这么温馨舒适、有情调，不由地感叹道："怪不得你在处理工作时也能秩序井然、有条不紊呢，原来你对待生活也是这样的态度，能把简单的日子过得不简单，把平凡的日子过得不平凡。"

　　时下，很多人的生活习惯都非常不好，尤其是在忙碌一天后，回到家什么都不想做，只想着怎么舒适怎么来，扪心自问，当我们回到家见到乱糟糟的屋子时，疲惫的心情是否会更糟糕呢？长期生活在这种环境中，生活必然没有激情与动力，如此，又怎能经营好工作与生活呢？

把每一个艰难的日子过成诗，即使生活让我们负重前行，我们也要学会自我调节、用心经营。也只有将自己的生活过得赏心悦目，过得如诗如画，我们才能心情愉悦、元气满满地去挑战每一段旅程，才能在旅途上收获更多的美好与幸福，绽放出自己最绚丽的风采。

平凡的岗位也能创造出不平凡的价值

任何一个人想要在工作中得到他人的认可，想要在社会上立稳脚跟，都要踏踏实实、勤勤恳恳地努力工作，唯有工作上取得了傲人的成绩，才能让他人心服口服。这世上，几乎每个人都是从职场菜鸟、从最底层一步一步成长之后才拥有后来的成就，到达自己人生的目标，而这也是每个踏入职场的人都要经历的过程。

若我们没有认清这一点，过于高估自己的能力，甚至因为底层的工作让自己大材小用，而敷衍了事地对待工作，那么好工作、好职位自然也不会对我们青睐；我们只有端正了态度，明白了任何工作都能提升自我价值这个道理，我们才能从平凡的岗位做起，从身边的小事做起，一点一滴积攒经验与实力，去提升自己的价值，为自己赢取成功的机会。

韩杰和袁浩毕业后，一起进到了一家五星级酒店做储备干部。名义上是储备干部，但因为他们刚从学校毕业，没有任何实战经验，领导便让他们从最底层做起，等熟悉了整个餐饮的流程和运营情况后，再做进一步的安排。

酒店给韩杰安排的岗位是服务员，面对客人的无故刁难与烦琐的工作，韩杰的心里很不服气，心想：自己名义上是储备干部，实际上却做着服务员的活，堂堂大学生做这个毫无技术含量的活，实在是大材小用。

抱着这种思想，韩杰对待工作愈发敷衍，对待客人的态度也很傲慢无礼，不是今天打破碗，就是明天地没拖干净，因此他三天两头遭到客人的投诉。

和韩杰相比，袁浩的境况更糟，他被安排在后厨洗盘子。因为酒店生意非常好，袁浩从上班 到下班一直都在忙，加班加点更是常事。

韩杰由于对工作现状不满意，便经常私下里向袁浩抱怨工作难做、客人刁蛮，但他发现袁浩却从来没有向自己吐槽工作中受到的委屈。他每天都是笑嘻嘻的，闲暇之余还会在后厨帮忙做一些力所能及的事。

对于韩杰的抱怨，袁浩安慰道："委不委屈关键在于你自己的心态，如果你以委屈的心态对待工作，那工作自然会让你感到更委屈；如果你以愉悦的心态对待工作，那工作就会让你感到愉悦，是委屈还是愉悦，皆在我们的一念之间。"

其实，刚接触这份工作时，袁浩也十分不情愿，但后来他想：如果我不能用心对待这份工作，不能努力提升自己的价值，那我永远也得不到领导的认可。于是，他调整了自己的心态，将委屈咽进了肚子里，不仅认真对待工作，还利用空余时间做一些提升自己技能的事。

很快，三个月的试用期结束了，袁浩得到了酒店领导的认可，进而转正做了总经理助理，协助处理运营方面的工作。而韩杰，却因为偷奸耍滑被客人多次投诉而惨遭解雇。

同样的平台，同样的起点，但最终的结局却截然相反，之所以会出现这样的结局，源自袁浩对工作的态度，他知道只有把本职工作做好，努力提升自己的价值，才能让自己有底气、有实力，去获得领导的认可与赞赏，从而让自己离成功更近一步。

而韩杰从一开始就认为这份工作与自己的才华不匹配，打心眼儿里瞧不起服务员这个身份。因此他不愿花时间、花精力去认真工作提升自己，也因此失去了众人的信赖，失去了工作。

不是有句话说"三百六十行，行行出状元"吗？哪怕目前的职位与我们心中的期许相差甚远，也没有关系，不管职位高低贵贱，只要我们用心对待，哪怕再平凡的岗位，也能创造出不平凡的精彩。因为任何一个行业、一份工作都有其存在的意义与价值，都能帮助我们踏入成功的路途。

可惜的是，很多人没有认识到这一点，也没有以发展的眼光去看待一件事。他们注重的只是眼前的小利，一旦离自己心中的期许有所偏差时，他们要么敷衍了事地对待工作，要么频繁跳槽。但不管是哪种情况，这对自己未来的发展都是不利的，聪明的领导是绝不会对这样的人委以重任的。

平凡的岗位也能创造出不平凡的价值，每个人都应该明白这个道理，工作是要靠自己努力拼搏的，生活是要靠自己用心经营的，未来是要靠自己合理规划的。我们的努力不是为了做给别人看，更多的是做给自己看，是对自己的人生负责。

不要以为工作只是为了养家糊口、只是为了打发时间，要知道，任何一份不起眼的工作，都可以给我们提供一个平台，让我们发挥出自己的价值。哪怕眼前的这份工作微不足道，也不要驻足观望，更不要悲观绝望。

请相信，只要我们认真对待，不敷衍、不抱怨，总有一天，它会回馈于我们美好，让我们收获苦尽甘来的那份甜、那份喜悦。

请相信，所有的坚持都会苦尽甘来

人人都渴望成功，可并非人人都能成功，为什么呢？这是因为有些人把成功当作一件很遥远、很不可能的事情来看待，总觉得那些成功人士都是天赋异禀之人。其实，并不是这样，当回顾那些成功人士讲述自己的经历时，我们就会发现，他们的成功并非偶然，而是在历经挫折与打击后，一步一步不断坚持才拥有的。

虽然，天时、地利、人和是取得成功的前提，但除此之外，也离不开当事人的恪尽职守与坚持付出。正如有句话所说"一个人做好事并不难，难得是一辈子做好事"，这需要一个人长期的坚持与付出才能做到。

尤其是在工作上，想要出人头地，想要获得领导的青睐，就一定要朝着自己的目标坚持走下去，也只有具备了坚持到底的决心，才能苦尽甘来收获最终的美好。

要知道，每个人的成功都不是一蹴而就的事，也不是手到擒来的事，都是历经千辛万苦后才慢慢获得的。而这一切，都需要我们瞄准目标并为之坚持，才能万丈高楼平地起，才能创造人生的奇迹。

生活中，有些人常常羡慕他人光鲜亮丽的生活，羡慕他人不费吹灰之力就能拥有的一切。实际上，在别人光鲜亮丽的背后，也是付出了常人难以想象的艰辛，并不是天上掉馅饼和大风刮来的，而是一点一滴累积下来才逐渐获得成功的。

当然，也有一些人认为，成功就要勇敢迈步朝前走，仅靠一点一点地积累恐怕很难有所成就，其实这是一种片面的看法，正如有句话所说，"千里之行，始于足下"，不管我们跨千山、行万水，走多远的路，也需要一步一个脚印去丈量。唯有如此，前行的道路才会走得更稳、更长远。

现代职场早已经不是改革开放前那个"大锅饭"的时代了，要想在职场上占得一席之地，我们就不能偷奸耍滑，而应认认真真做好自己的本职工作。坚持每天都比昨天努力多一点、多一点，积累经验、提升能力，待时机成熟，便会攀登上胜利的高峰。

周艳从上一家公司离职后，一时没有找到心仪的工作，只好去一家中小企业做了一名秘书。说好听点是秘书，说难听点就是一个打杂的，除了处理工作上的事情外，一些工作以外的琐事，领导也会让她去办理。

虽然对于工作以外的烦琐之事，周艳也有些不太情愿，但她知道只有做好了领导交代的事情，才能在领导面前留下一个好印象，才能争取更上一层楼的机会。一天，领导让助理写一个年度工作总结计划，恰巧助理临时有事请假了，领导便把这项任务交给了周艳，让她在年会之前做出来就可以了。

虽然距离年会的时间还长，但周艳却丝毫没有懈怠，火速投入了这项工作中，仅用了一周时间，就将原本计划两周内完成的工作做完了。看到周艳递交上来的年度工作计划非常好，领导称赞道："没想到你工作效率这么高呢！"

周艳有些不好意思地说："我早点把这份总结计划书做好交给您，这样您如果有什么不满意或是需要修改的地方，我这边也有充足的时间来应对，避免时间太紧而导致忙中出错。"

"嗯，你能抱着这样的想法去工作，是好事，以后继续努力！"听到周艳的这番话，领导特别高兴，这件事之后，领导便有意无意地观察周艳平时在工作中的表现。而周艳对待工作也确实认真负责，只要是她经手的事情都是完成得又快又好，并没有因为领导的表扬就自满。

勤勤恳恳工作了一年后，周艳终于苦尽甘来迎来了人生的春天，领导的助理因另有发展而辞职，助理一职便稳稳地落到了周艳头上。幸运之神之所以眷顾周艳，就是因为她一直以来对工作的坚持，不管领导在与不在，她能都一如既往地做好自己分内的事，且又快又准。正因为她的坚持付出，所以才有了后来的丰厚回报，不仅职位上得到了升迁，往后的职业生涯也迈入了一个全新的台阶。

也许有些人不解，说："为什么大家同一时期进入公司，同样的学历、同样的没有经验，有的人就能俘获领导的心，把自己的职场之路经营得顺风又顺水，而有的人却毫不起眼，不能引起领导的重视呢？"其实，这一切都与一个人对待工作的态度与付出的多少，有着莫大的关联。

有付出才会有回报，不是吗？从短期来看，一个人的付出多少可能不会立马就收到成效，但日积月累下来，付出多的人一定会比付出少的人经验足一些、能力强一些。试问，这种情况下，如果领导要选择提拔一个人的话，那会选择谁呢？

毫无疑问，自然是选择坚持付出的那个人。要知道，每天多付出一点点，并一如既往地坚持下去，他日，这些付出就会成为我们强有力的后盾，让我们底气十足地去迎接新的挑战。

请相信，所有的坚持都会苦尽甘来。

放下是人生最大的收获

当一个人朝着自己的目标前行时，能够持之以恒无疑是实现梦想的最佳助力器，它可以让我们在遇到困难与打击时，一如既往地朝着自己的目标勇敢前行，可以让我们更快到达成功的彼岸。

因此，持之以恒的精神历来都受到很多人的追捧。虽然持之以恒没有错，但若过分执着，不管对错，选择一条道走到黑，那就演变成固执和倔强了。生活中，过分的固执和倔强都不是好事，它会让一个人在固执的南墙上撞得头破血流，折腾得精疲力竭。

但生活中，不乏一些不撞南墙不回头、撞了南墙也不一定回头的人，因为他们压根就没有认识到自己错在哪里，所以他们才得不到进步，得不到成长。若想改变这种局面，我们就要停下脚步去重新审视自己的行为，并放下那份固执与倔强，也只有学会放下，我们才能让自己得到更好的成长与历练。

有这样一个故事：

一个人前去跪拜佛祖，他双手捧满了献给佛祖的礼物。

佛祖说："放下。"听完，这人便将左手之物放下。

可佛祖又说："放下。"他只好又将右手之物也放下。

可佛祖还是说："放下。"这人望着空空的双手，疑惑不解。

佛祖微笑着说："放下你心中的那份固执。"

放下，说起来容易做起来却很难。一生中，面临的诱惑实在太多了，如果我们什么都想拥有，什么都舍不得放弃，那最终就会呈现出一种越害怕失去反而越容易失去的尴尬境地。所以，一个人不管做什么事，只有"拿得起，放得下"，才能挥别错的遇到对的，从而收获最美好的一面。

生意场上，放下斤斤计较、放下对利益的过分掠夺，得到的是心灵的安稳与做人的坦荡；职场上，放下钩心斗角、放下对功名利禄的追求，得到的是舒适与愉悦的心情。放下不仅是一种正确而理性的决策方式，同时还代表着一个人拥有"宰相肚里能撑船"的豁达胸襟，也只有学会了放下，人生的道路才能走得更加宽广。

放下不只是嘴上说说而已，而要落实到行动上，一个人只有从内到外都学会了放下，才能给受到压迫的心灵一个放松的机会，才能心无杂念，以一种更加睿智的目光去看待这个世界。

虽然，放下意味着我们要承受失去的痛苦，但痛苦过后我们才能更好地看清自己所需要的东西，才能一身轻松地去迎接新的挑战，不是吗？想要得到什么就必然要失去什么，世间之事就是如此不断轮回，我们只有学会了坦然接受、勇敢放下，才能空出手来去托举更美好的明天。

山脚下的村子里，住着许多村民，这其中要属张三和李四的家庭经济条件最差了，因为生活窘迫，他们二人便时常上山打柴去集市卖，一来二去便成了好朋友。

这天，张三和李四又和以往一样去山上打柴，走到半路，他们发现路边有两包棉花。对于穷苦人家来说，棉花可真是个好东西，不仅可以用来做棉袄、做成被子防寒，还可以拿到集市上去卖，对于这个意外之财，兄弟俩高兴极了，柴也不打了，背起棉花就准备下山回家。

回家路上，张三走着走着又发现路边树林里有一捆棉布，他觉得棉布的用处比棉花要大，于是放弃棉花改背棉布回家。可李四却不这样想，他认为棉花都已经背了一段路程了，现在放弃太可惜了。于是，意见不合的二人，便背着各自认为最好的东西回家。

又走了一段路程后，张三看着树林深处金光闪闪，便充满好奇地跑到发光的地方去看，竟然发现地上掉了好几十块金条。看到这么多金条，张三心想：有了这么多金条，这辈子就衣食无忧了，想到这，他赶紧放下背着的棉布，然后从中撕了一大块棉布去装金条。

看到这么多金条，李四仍然不为所动，不愿丢弃背了这么久的棉花，他甚至劝张三："这年头怎么可能有人丢金子呢，说不定是个陷阱，咱们还是不要上当为好。"

张三没有听李四的话，而是舍弃棉布挑着金条和李四一起继续赶路，快到山脚下时，阴沉沉的天空突然下起了大雨，无处躲雨的两人被淋了个落汤鸡，全身上下都湿透了。而李四更是叫苦连天，他身上背着的棉花吸了雨水后就像千斤重担，压得他喘不过气来。迫不得已，李四只好丢下负重难行的棉花，两手空空的和挑着金条的张三一起回家去。

同样是上山打柴，同样遇到了意外之财，为什么张三和李四的结果却截然不同呢？很简单，因为李四不舍得放下，不懂得变通，所以他只能两手空空回家。而张三则不同，他懂得根据形势的不同而随机应变，懂得放下，因此他成了赢家，他的后半辈子也将在衣食无忧中度过。

在追求目标与理想的道路上，每个人都要像张三那样懂得审时度势，懂得运用智慧去分辨前进的方向，并根据当前所遇到的情况做出适时的调整。千万不要像李四那样只顾埋头走路而不懂得变通，因为固执与倔强只会让自己走入一条死胡同，这样的结果无疑是悲惨兮兮。

虽然，在某些方面，我们可以保留自己的固执与倔强，但在明知这是一条错误的选择时，我们还固执地在一条道上一错到底，就只会将自己陷入大错特错的境地，到那时，就算后悔也为时晚矣。

"鱼和熊掌不可兼得"，这句话相信很多人都听过，也在这条不可兼得的道路上碰过无数次钉子。既然碰过钉子，我们就更应该学会放下，去重新寻找一条出路，一条走向成功的道路。

每个人的一生都将经历一些风起云涌的变化，才能欣赏到绚丽多彩的灿烂美景，如果我们一直舍不得放下，见到美景便踟蹰不前，那又如何去领略下一站的美景呢？

放下是人生最大的收获，放下不仅是一种智慧、一种境界，更是一种胸怀。成长路上，我们会遇到很多人、很多事，对于那些不切实际的目标与想法，我们应该学会主动放下。也只有放下了，我们才有足够的时间与精力去思考自己真正需要的，从而调整目标努力奋斗，去经营自己的人生。

你的努力，终将收获美好

《孟子·告子下》中有句话是这样说的："天将降大任于斯人也，必先苦其心志，劳其筋骨，饿其体肤，空乏其身！"虽然，很多人都有一个成功梦，但真正能够取得成功的人还是少数，这不是因为那些人不够聪明、不够勤奋，而是他们缺乏坚持到底的信心与顽强的毅力。

一个人若想成功，不管何时何地都要具备一种踏实肯干、吃苦耐劳的精神，不管经历何种大风大浪，都要不骄不躁、坚持不懈。也只有秉承了这样一种信念，并努力坚持下去，我们才能将自己的生活过得丰富多彩、有滋有味。

卢峰毕业于某名牌大学，毕业前夕他对自己的职业规划是这样的：最好是能进入省机关单位做公务员，实在不行市里的也行，最次也要去县城里的，不管生活再艰难，也要全力以赴，一定要在城里买房子，把父母接过来安享晚年。

理想很丰满，现实很骨感。再好的理想，回归到现实，也会遭遇无情的打击。由于刚毕业，缺乏工作经验，所以屡战屡败后的卢峰陷入了一片迷茫，他不知道自己的明天该何去何从。

后来父亲劝他："既然条件还不成熟，不如试着去做点别的，等以后时机成熟了再考虑也不迟。人生的路还长，总不能在一条道上走到黑吧！"父亲的这番话彻底点醒了卢峰，他决定暂时放弃考公务员的想法，先考虑别的出路。

但卢峰是心高气傲之人，他觉得就算不考公务员，至少也要留在大城市找份体面的工作，这样才能离自己的目标更近一步，才能拥有更多的机遇。因为毕业于名校，再加上卢峰的形象与气质，一些中小企业向卢峰抛出了橄榄枝，可工作一段时间后，心高气傲的卢峰便打起了退堂鼓，他觉得自己在那些企业就是大材小用，对于类似的工作他总是做几天就辞职了。

就在卢峰对自己的前途快要失去信心时，他遇到了自己的堂哥。想到堂哥大字不识几个，如今却在城里混得风生水起，卢峰的心里五味杂陈，可堂哥却说："你可比我幸运多了，虽然你目前是遭遇了困境，但前途却是一片光明呢。要知道'吃得苦中苦，方为人上人'，哥是过来人，当初也是一步一个脚印才走到今天的。相信自己，总能找到一个合适的岗位来体现自己的价值。"

堂哥的话让卢峰明白了这样一个道理：一个人想要成功，起点虽然重要，但后天的脚踏实地同样也很重要。

明白了这点后，卢峰便静下心来根据自身实际情况找了一份自己热爱又感兴趣的工作，并一路坚持了下来。两年后，卢峰已经成了一家五星级酒店的大堂经理了。

在我们生活的周围，不乏一些像卢峰这样的人，毕业时怀揣着满腔的热情去应聘，结果却在一个又一个残酷的现实里败下阵来，为什么会遭遇这样的情形？原因就在于这样的人太不务实。与其满世界瞎闯去找一些不符合自身情况的工作，倒不如脚踏实地去坚守一份工作。

或许眼前的我们由于迷茫而看不清前进的方向，但扪心自问，我们真的就做到全力以赴了吗？如果没有，那何不努力尝试下这份工作呢？或许尝试过后就能发现，眼前的这条路也是一条适合的路，也能让自己收获一份成功。

成长路上，每个人都曾怀揣梦想，都希望在自己的努力拼搏下能将梦想变成现实，能让梦想闪闪发亮，但我们必须明白这样一个事实：没有泥土包裹的种子，又怎能生根发芽长成一棵参天大树呢？再名贵的种子，如果落在水泥地上，也是无法生根发芽的，它只有埋进泥土里，经过大自然的雨水灌溉与滋润，才有可能茁壮成长。

然而，身处这个物欲横流的时代浪潮下，一些人难免心浮气躁。对于这样的人来说，想一步一个脚印，踏踏实实地做一件事并一路坚持到底，无疑不是一项高难度的挑战。但正如艾森豪威尔曾说："在这个世界上，没有什么比'坚持'对成功的意义更大。"如果我们做什么事情都不能坚持到底的话，那又何谈成功呢？

众所周知，万里长城是人类历史上修筑时间最长的一项工程，它历经了春秋、战国、秦、汉、北魏、东魏、北齐、北周、隋、唐、辽、金及明代等10余个朝代，前后横跨近2000年的时间，试问，若没有前人的苦心坚持，又怎能有如今巍峨的万里长城呢？

不管做什么，一个人若想在某些方面有所建树，就不能腹中空空如草莽，更不能好高骛远，应努力积蓄力量来充实自己，提升自己的能力，并坚持下去，待时机成熟便主动出击，重新翻转自己的人生。请相信，你的努力，终将收获美好的未来。

人生就是一个不断学习的过程，一个人只有抱着"活到老，学到老"的决心，多做一些提升阅历、增长见识、积累经验的事，才不会让人生陷入迷茫。

唯有如此，我们才能像陈继儒在《小窗幽记》里写的那样："宠辱不惊，看庭前花开花落；去留无意，望天上云卷云舒。"在这个复杂多变的时代里，做一个安然无恙的明白人，以一颗淡定从容的心态去笑对生活、笑看人生。